中外园林景观品鉴2

APPRECIATION OF LANDSCAPE AND GARDENING OF CHINA AND ABROAD ②

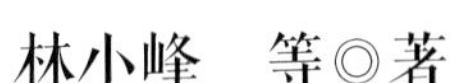
林小峰　等◎著

图书在版编目（CIP）数据

中外园林景观品鉴. 2 / 林小峰等著. -- 北京 : 中国林业出版社, 2017.5

ISBN 978-7-5038-8989-9

Ⅰ. ①中… Ⅱ. ①林… Ⅲ. ①园林设计－景观设计－品鉴－世界
Ⅳ. ①TU986.61

中国版本图书馆CIP数据核字(2017)第079792号

责任编辑　何增明　盛春玲

出版发行　中国林业出版社（100009　北京市西城区德内大街刘海胡同7号）
Email：hzm_bj@126.com　电话：(010)83143567
http://lycb.forestry.gov.cn

制　　版　北京美光设计制版有限公司
印　　刷　北京雅昌艺术印刷有限公司
版　　次　2017年5月第1版
印　　次　2017年5月第1次印刷
开　　本　889mm×1194mm　1/16
印　　张　12
字　　数　314千字
印　　数　1−3000
定　　价　98.00元

主要作者 AUTHORS

》林小峰

》叶剑秋

》吴方林

》胡玎

》王永文

》杨毅强

》杜安

》王越

序 FOREWORD James McGeoch

我非常高兴有机会能为新书《中外园林景观品鉴2》写序。事实上，关心园林景观设计和园艺学发展的人士一定会非常喜爱这本书，并且这本书也会为国内外日益增多的对私人花园有更高要求的人们带来新的意识和理念，最终给全球环境的改善带来益处。

林小峰等先生（女士）在书中介绍了许多有趣味的想法和思考，这些想法和思考得益于他们长年与众多的国际、国内权威同行和朋友们的持续沟通和交流。

我和林小峰先生12年前在上海认识，多年来他不仅受到了中国传统景观设计和中国古典文化的熏陶，而且对国际文化以及国际园林景观中的古典主义和创新设计趋势有着很强的学习能力，这一特点充分地体现在这本书当中。我认为作者的个性也给人一种不同寻常的感觉，他的思维方式不受"条条框框"的约束，这一点在这本书中和在他个人具有艺术性的创造力中都得到了体现。

在中国工作和生活16年期间，我见证了中国园林景观和园艺行业的巨大变化和发展。我的这些观感大都来自于我过去从事过的多个影响巨大的项目，其中包括香港迪士尼和近期刚完成的上海迪士尼项目。

这本书也体现了林小峰先生和其他作者都是对所从事的行业倾情付出的人，他们为中国的读

者架起了一座“桥梁”，让中国读者得以了解在创造自然环境过程中的发明创新、技术变革以及设计挑战。

读者们将会在这本书中感受到作者对西方经典园林景观的关注和介绍，例如英国的切尔西花园以及其他国家如德国、法国、俄罗斯、意大利和韩国的代表园林，并具体比照了现代花园和古典花园两者设计上的不同。

这本书的作者们对上述视角和观点都进行了清晰的阐述，并配有他们在欧洲、亚洲、大洋洲和非洲的多次考察中拍摄的精美图片。

这本独特的书既展示了中国的园林工作者扎实的专业知识，也反映了他们独特的专业鉴赏力，而这些在行业内实际上已经得到了广泛的认可。

相信各行各业的人士都会被这本书中所描绘自然与花园所吸引。

国际著名园艺专家、前澳大利亚园艺协会主席、迪士尼项目顾问

自序 FOREWORD

林小峰

1000天过去了。

这是从《中外园林景观品鉴》第一部出版后到大家看到这本书的时间。在这个时间段里面，我的职业生涯发生了许多变化：身份的转换、职位的转变。然而，职业的习惯还是恒久不变：

继续在行走，这些年，去了英国、法国、意大利、俄罗斯等地；

继续在写作，这些年，又写了几十篇关于国内外园林文章，一些发表的文章得到专业读者的喜欢。

有位绿化局领导曾经对我说，我把你写的文章放在办公室桌上，有空就读一篇，不累。出版社编辑经常拿读者的期待来鼓励我继续写作，他们说这本书图文并茂、深入浅出是专业读者和爱好者都喜闻乐见的。于是继续笔耕不辍，不知不觉，在这1000天又攒够了出专辑的文章与图片。

然而，一个人的视野毕竟有限，不可能穷极世界。我知道很多的业内精英也有行走与写作的习惯，中国林业出版社的编辑也倡议我和这些精英们合作，一起来共襄盛举。于是，邀请了国内的一些知名的设计师、专家学者、业内领导，还有一些花友，把他们的作品、看到的精品与读者进行分享。这样书就扩容了，于是就有了《中外园林景观品鉴》的第二部与第三部。

这样的优势是：地域扩大。涉及五大洲近20个国家和地区，一些国人很少涉猎的区域也有风景园林师的专业介绍，这些地方各具特色、异彩纷呈。同时，从《中外园林景观品鉴》第一部出版后

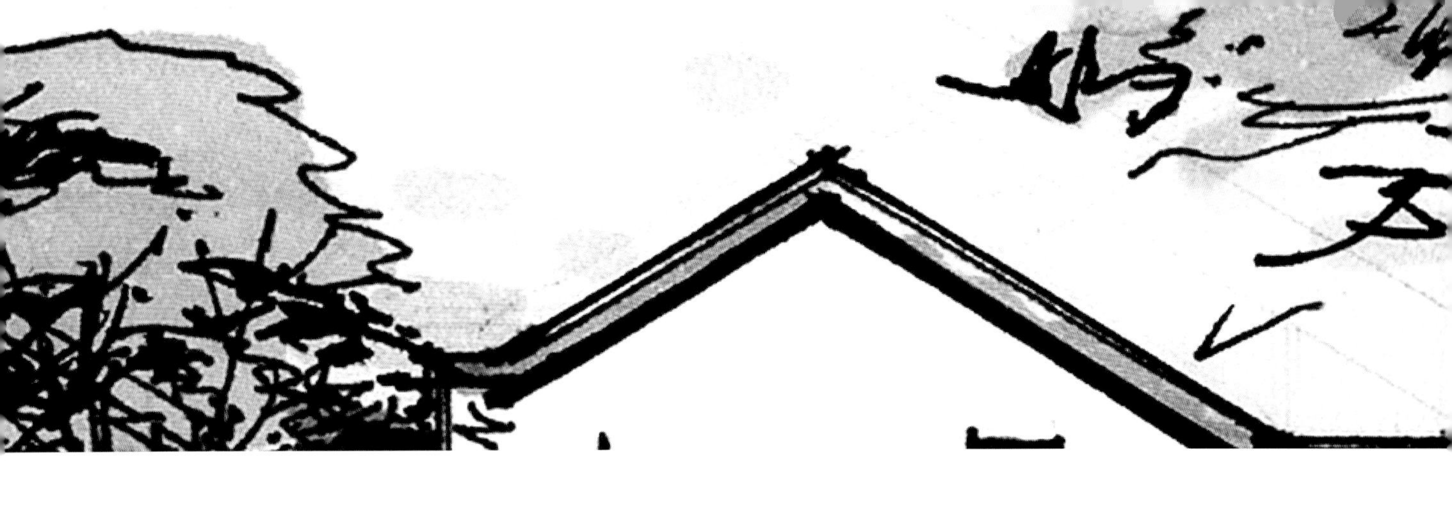

外国读者的反馈来看，他们也迫切希望知道中国园林的新发展，所以我们也有意识地增加了这两年国内风景园林界的一些优秀案例，真正做到品古今、鉴中外。

类型丰富。从古典园林到现代园林、从城市到乡镇、从公共绿地到私家花园、从平面设计到立体绿化、从星级宾馆到乡村复兴、从百年花展到新兴展会，包罗万象。

客观独到。所有作者都是资深的园林工作者，即使是花友也是见多识广的准专业水平，绝不仅仅局限于景色的表面描绘，他们恰如其分的介绍、抽丝剥茧的分析、一针见血的评价、构图精美的图片，保证整本书的专业性。

效率提高。第一本书我整整写了十年，如果还是一己之力，不是不可以，但节奏偏慢。有了众人的参与，出书时间缩短。对于读者来说，在相对短的时间内可以一览大千世界的风光，是好事。

当然，毕竟有20位的作者参加了第二部和第三部的写作，每个人的视角与写作习惯各不相同，存在差异大的客观事实，这给我统稿时提出了高标准的挑战，也花费了相当的时间与精力，甚至觉得改文章的难度不亚于做园子。正值我的事业转型期，整段空余时间有限，所以前前后后又花了整整三年时间，好在我们的书好像是电视剧的系列片而不是连续剧。我们通过分类型的方式对所有稿件进行系统整理，对于作品中文字和图片不是同一作者的，则在图注中注明图片拍摄者。在这两本书中，我也承担了每一本书大部分的写作，保持了书的整体定位与风格还是相对统一，从目前样书

来看，基本达到我们和出版社的初衷。

《中外园林景观品鉴2》偏重于古典与经典的园林作品，《中外园林景观品鉴3》偏重于现代景观。不过，这是我们与出版社第一次尝试这样的组合，肯定存在不够完美之处，期待大家多提修改建议。

我问过自己，为什么在公司工作那么繁重的情况下还要写作，因为写作毕竟不能带来直接经济效益，要算投入产比肯定很不合算，同时这么多作者不计名利投入一个系列丛书写作的动力是什么？答案其实非常单纯：因为爱！

因为我们爱这个专业，这个充满了美与好的职业给我们这些从业者带来艰辛劳顿，但更多的是愉悦。这份愉悦来自每一个我们设计过的园林，来自我们亲手栽下的每一棵树、每一朵花。这一点给我们幸福。

因为我们爱这个国家，这个历史悠久、物华天宝的伟大祖国曾沧桑坎坷，但更多的是奋发，这份奋发也来自我们喜爱的每一座高山、每一条河流、每一个景区。这一点给我们力量。

因为我们爱这个世界，这个多姿多彩、变幻无穷的世界也有纷扰争执，但更多的是希望，这份希望来自不同国家、民族、信仰对每一个花园、每一个花展的态度。这一点给我们信心。

不忘初心，方得始终。正是这份充满爱的满满能量，支撑我们走遍千山万水，历经千辛万苦，

凝结成千张图片与几十万字，沉甸甸地放在读者的手中，我们更希望那份爱能走进您的心里。

感谢中国林业出版社的青睐，特别是何增明、盛春玲编辑的辛苦工作，还有设计团队的精心制作；特别感谢其他作者的大力支持，那么多著名的业界大咖无私分享，正是他们使得这本书异常好看；特别感谢著名园林设计师、画家徐东耀老师为本书绘制精美插图；还要感谢《园林》《绿笔采风》等杂志，正是这些中国出色的专业杂志保证了这些文章的诞生；最后，感谢《中外园林景观品鉴》的读者们，你们的期待是我们前行的动力。

如果说《中外园林景观品鉴》第一部是一棵破土而出的幼苗的话，《中外园林景观品鉴2》与《中外园林景观品鉴3》就是在众人的呵护下生根发芽的小树，让我们一起努力，使它早日开花结果吧！

2017年3月22日

目录 CONTENTS

序

自序

永远的瑰宝

文艺复兴下的园艺复兴

意大利埃斯特庄园散记 014

可以用花坛讲故事的花园

维兰德里城堡的法式经典传奇 022

普鲁士的凡尔赛宫

波茨坦的无忧宫 030

德国古典园林的瑰宝

记夏洛滕堡宫 038

中国传统文化的认识和传播

豫园长寿文化 046

北方的荣耀

圣彼得堡彼得宫园林艺术 052

社会主义国家新型城市公园的象征

莫斯科高尔基中央文化休息公园 060

经典的花园

花园中的经典　经典中的真经

记英国威斯利花园 068

花园，莫奈最杰出的作品 080

敝帚尚自珍　何况是珠宝

以韩国昌德宫的后苑说开去 090

走近南非开普敦克斯滕伯斯国家植物园 096

独特的韵味

意式浓情　回味绵长

意大利古镇提沃利掠影 102

自然大美　质朴静享

新西兰罗托鲁瓦景观欣赏 108

从“花园城市”到“城市花园”
借鉴新加坡看城市生活和自然生态的融合........................114

创新的规律

没有经过招投标的设计精品
贝聿铭的柏林历史博物馆新馆..122

与众不同的台湾中台禅寺..128

花卉王国的“华尔街”
荷兰最大的花卉拍卖市场的成功逻辑..............................134

切尔西的密码

名副其实的世界最美花展
百年切尔西花展发展史..142

原来花园可以那样抒情
品味切尔西花展金奖作品“时光倒映”............................152

虞美人的深情述说
从英国园林艺术界“一战”纪念活动说起........................158

切尔西花展的新锐设计师花园赏析..................................162

高度专业与深度商业嫁接的美丽产物
切尔西花展成功的根本秘诀之一......................................168

花卉品质，从重要到主要..174

蔬菜花园，离生活最近的花园..182

参考文献

永恒的瑰宝

河流不同源。东西方文明的发源、兴起、昌盛、衰落、复兴各有其渊源与影响，附着在东西方文明的园林也是各美其美，从西方意大利、法国、德国、俄罗斯（包括前苏联）以及东方的中国，可以看到这条美的曲线，伏线千里。

万川终归海。东西方文明、特别是在园林艺术与技艺，使得东西方文明曾经彼此交融、相映生辉、美美与共。从中国园林建筑上来自意大利与法国的玻璃，从夏洛滕堡宫的东方瓷器，从无忧宫的中国亭子，可以管中窥豹。

文艺复兴下的园艺复兴

——意大利埃斯特庄园散记

撰文 / 林小峰

上图 从管风琴喷泉的高点俯视庄园的轴线

有人揶揄道：历史学家某种程度也不难当，他们总是证明已经成立的东西，最后结论是必然发生。以此类推，文艺复兴发生在意大利也是必然的，意大利园林独树一帜也是必然的，因为所有条件都恰到好处，时间地点更是丝丝入扣。

一是自然条件。意大利地理条件得天独厚，北部的阿尔卑斯山阻挡了冬季寒流对半岛的袭击，境内东、南、西三面环海，山地、丘陵丰富，河流众多，植被茂盛，所以大部分地区属亚热带地中海气候，温度适宜，阳光充足。意大利的这种独特的自然条件、地形地貌和气候特征，对意大利园林风格的形成与发展有着重要的影响和决定性作用。

二是历史进程。文艺复兴运动是从意大利开始的一场由资产阶级领导的思想文化领域的反封建、反宗教神学的运动，前后历时300多年。14世纪初，以佛罗伦萨为中心的地区聚集了大量的新兴阶级，此时，著名的美第奇家族融政府、宗教、财政于一体，同时难能可贵的是人家不是土豪，是超级的慈善家，积极热心美育，拥有巨大的影响力与号召力。到16世纪初期，欧洲的封建制度逐渐解体，资本主义势头方兴未艾，全球交流交易活跃，旧有的地理界限被彻底颠覆。经济基础决定了上层建筑，新的风潮锐不可当。

三是文化背景。意大利本来就是古代罗马文化的发祥地，而在西欧中世纪社会动荡之时，拜占廷、阿拉伯帝国依然保留了一些希腊罗马古典文化，意大利一些城市在与它们的交往中，又获得大量资讯与实物。文艺复兴其名义是对希腊、罗马古典文化的推崇与追求，实际上却是打破封建主义在思想上的束缚，其实质铸就了以人文价值为原点的价值体系。机缘巧合，此时达芬奇、米开朗基罗、拉斐尔等一大批惊为天人的艺术大师横空出世、接踵而至，他们传世作品硕果累累，影响巨大。如此说来，文艺复兴不发生在意大利好像倒是小概率事件了。

文艺复兴也直接带动了园艺复兴。在此之前，欧洲的园林经历了以果园、厨园、药草园为代表的实用性园艺阶段和以迷宫、模纹花坛为代表的绿色雕塑园林阶段，文艺复兴使之开始进入相对成熟的阶段。随着复兴运动在整个欧洲的蔓延，意大利园林艺术在欧洲各国产生了广泛而深刻的影响，成为16世纪中期到17世纪中期统帅整个欧洲的造园样式。意大利文艺复兴园林揭开了西方近代园林艺术发展的大幕，即规则式园林运用于意大利丘陵山地的典型样式，将随山就形的地形特点和严谨瑰丽的美学思想相结合，使人工营造的园林景色与周围的自然美景相互渗透、层层递进，达到统一的艺术高度，即著称于后世的意大利台地园。

在这一时期，皮罗·利戈里奥作为当时最杰出的建筑师、园艺师之一，为意大利文艺复兴园林艺术做出了卓越的贡献。皮罗·利戈里奥出生于那不勒斯，他以画家身份出道，涉猎跨界到考古、建筑、园林设计等行业，特别是其在园林设计方面的卓越成就被称为16世纪最伟大的造园师。文艺复兴时期的意大利台地园既继承了古罗马的造园手法，又具有时代的引领性。庄园建筑往往设在上层和中层，下层则布置树坛花坛，台地平面多半采用方圆结合的几何图案，讲究布局对称、均衡和秩序，颇具视觉冲击力。作为反映当时意大利文艺复兴时期的园林，力求“把山坡、树木、水体等都图案化，服从于对称的几何构图”。利戈里奥本人除了建筑师、园艺师的身份外，还是一个造诣深厚的水利工程师，可以把水景玩到登峰造极的程度。他处理水的手法颇多，一般由高处贮水池汇集水源，然后顺地形而下，形成瀑布、溪流、喷泉、水池等，动静结合。同时，他还擅长用各种雕像浮雕作为点缀，这些装饰使园林既有复古的情调，又开了巴洛克风格的先河。他令人惊叹的知识素养和傲视群雄的天才创造力，被后人称为百科全书，他为后世留下了埃斯特庄园等名作，它们代表着该时期意大利园林的最高水平。埃斯特庄园与兰特庄园、法尔奈斯庄园并列为文艺复兴三大名园。

埃斯特庄园位于罗马郊区的提沃利小镇，建于16世纪，这里原是一个修道院，后来变成红衣主教德斯特建造的别墅。1550年别墅开始着手修建，作为当地政教合一的最有影响力的大人物庄园，营造前后共历时一个世纪，以喷泉水景名扬天下。

整个花园面积约4.5公顷，形状近似方形。全园分为6层台地，上下高差近50米。从埃斯特庄园早期的彩绘效果图可以看到，入口设在底层，埃斯特官邸高高在上，花园被

图1 庄园在山腰高地，可以远看提沃利美丽壮观的景色

切分成几何方块，依山就势地展开于层级分明、井然有序的台地之上。在中轴平行线、垂直平行轴线上，每条轴线的端点与轴线的节点上，均衡地分布着亭台、游廊、雕塑、喷泉等各式景观，中央设有圆形、龙形雕塑喷泉。几经变迁，今天埃斯特庄园已经不完全是当年几何形模样，砖木构筑的廊架与亭台大都已不复存在，园林景观随着树木的外形变化而变化了，但还是依稀能看出当年胜景。

现在进入埃斯特别墅，入口已经更改，先进一个四方形院落，通过一旁的长廊走到阳台上，可以俯瞰整个园林。顺着石阶而下，便进入了喷泉流水的世界。在埃斯特庄园，有大大小小500多处喷泉，其中包括10多处大型喷泉。这里最有名的喷泉包括据传是艺术大师贝尔尼尼设计的“圣杯喷泉”、别墅主设计师利戈里奥的作品“龙泉”“椭圆形喷泉”“猫头鹰与小鸟喷泉”以及“管风琴喷泉”。特别是后两者，加入了设计精巧的人工装置，据说人们可以一边欣赏“管风琴喷泉”多层叠水，一边聆听文艺复兴时期的四段音乐。而在“猫头鹰和小鸟喷泉”前，正在欢唱的小鸟被猫头鹰吓得鸦雀无声，非常具有情趣。

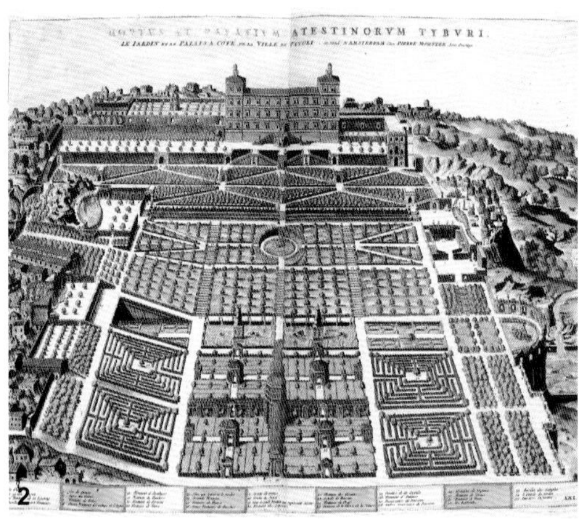

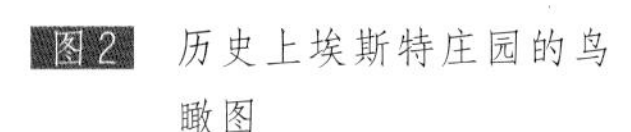
图2 历史上埃斯特庄园的鸟瞰图

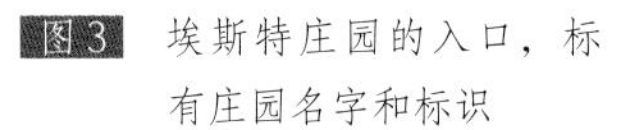
图3 埃斯特庄园的入口，标有庄园名字和标识

图4 从庄园建筑内俯瞰庄园内部的景色

图5 圣杯喷泉

图6 别墅主设计师利戈里奥的作品“龙泉”，加入西方人对龙的理解

图7 猫头鹰与小鸟喷泉

图8 椭圆形喷泉的全景

图9 椭圆形喷泉的侧面

图10 椭圆形喷泉局部

图11 在管风琴喷泉平台上回看庄园，建筑、植物、水景融为一体

图12 罗马喷泉，上方有罗马女神和母狼育婴的雕塑，下方有一条石船和方尖碑，讲述罗马的许多故事

图13 喷珠吐玉的视觉美景

图14 设计师把水玩到极致，并可以与景点水乳交融

图15 喷头喷出的无色水珠在深色背景下展现扇形的曼妙身姿

图16 管风琴喷泉的局部

图17 管风琴喷泉的正面，气势恢宏，成为公园主景

8
9
10
11
12
13
14
15
16

图18 百泉路的水景细部
图19 长达130米的百泉路，水渠共分三层
图20 喷水的兽头
图21 小溪似白练般流淌
图22 百泉路的侧面
图23 百泉路的正面：栩栩如生的石雕、清澈的水流、碧绿的青苔
图24 园中喷泉内附有情趣的小雕塑

埃斯特庄园还有一处著名的景观是长达130米的百泉路。水渠上分三层排列着各种动物石雕和喷泉，在最上面一层，泉水或呈抛物线或呈扇形喷出。然后汇聚的水从中间一层猛兽石雕喷泉的口中流出，最后一层也是如法炮制。泉水最后汇集到沟渠中流走。栩栩如生的石雕、清澈见底的水流加上碧绿清爽的青苔古树，让人过目不忘。

园林中大大小小数百座设计巧妙的喷泉与自然景观水乳交融，整体的绿色植物基调呈墨绿色，明亮洁白的各色水景在这个深色背景的映衬下格外出色。在台地园的顶层常设贮水池，有时以洞府的形式作为水的源泉，洞中有雕像或布置成岩石溪泉。沿斜坡可形成水阶梯（可惜现在很多损坏），在地势陡峭、落差大的地方则形成汹涌的瀑布。在不同的台层交界处展现不同水流的形式，在下层台地上，利用水位差可形成喷泉，或与雕塑结合，或形成各种优美的喷水图案和花纹。因此，人们给埃斯特庄园起了一个名副其实的别名——“千泉宫”。埃斯特庄园不仅成为意大利园林设计的典范，还因其设计和建造的巧夺天工而被联合国教科文组织列为世界文化遗产。

有人以诗的语言赞美埃斯特庄园：“如同一首抒情诗一般，它将它的浪漫美丽逐渐展露，游人在园中穿行如同阅读一首诗歌。泉水将整个园林贯穿为一个整体，这不是一个像图画般可以一览无余的园子，相反地，在其中游览会感到它像一首奏鸣曲：既有连贯的乐章，又有主题的变奏。”

回到开头话题，园林可以是被定义为时代、地域的显性活文物，是时间与空间的交叉点，是人和物的结晶体。可谓一方水土养一方园林，一个时代造就一个园林，此言诚然。

图25 行进在庄园园路上，可以看到白色喷泉与绿色植物交织的美妙律动

图26 管风琴喷泉的建筑

图27 庄园建筑窗户的毛玻璃把外边美丽的绿色变得斑斓多样，像法国印象派画家的作品

图28 庄园具有地中海气息，在浓烈阳光下的光影效果

可以用花坛讲故事的花园

——维兰德里城堡的法式经典传奇

撰文 / 林小峰

上图 久负盛名的模纹花坛里暗藏故事

法国人自己说要完整迅速地领略法国风情，只需要去两个地方，一个是巴黎，代表了法国的浪漫而前卫，另外一个就是卢瓦尔河谷，代表了法国的恬静古典。巴黎的美，美在各种文化风格撞击和矛盾之间的多样；而卢瓦尔河谷的美，美在她娴静高贵法兰西风情的统一。

卢瓦尔河是法国第一大河，是法国最大的旅游景区。从卢瓦雷省的叙利到安茹的沙洛那，有长达280千米的风景长卷。1415年10月阿金库尔战役法国惨败，导致当时的法国国王查理七世被英格兰人从巴黎赶走，来到相对安全的都兰地区的卢瓦尔河畔避难。当时这里已经建有坚固的堡垒，此外，这个地区还有很多其他优势，如土地肥沃、交通便利，并且连接地中海地区、里昂地区和大西部地区各省的河流从本区穿过。开始的时候，法国贵族们只是蛰居一时、偏安于此，但时间一长，就乐不思巴黎了，因为这里已经成了一个“法国的后花园”。

理由太充分了：温和的气候、起伏的山丘、静谧的河水、奢华的皇家庄园、恢宏的大教堂与修道院、精致的小镇与乡村。

更加让人惊叹的是如珍珠般散落在卢瓦尔河畔的各色城堡：俯视科松河的香波堡、拥抱安德尔河的阿泽勒丽多城堡、伯乌荣河谷中的雪瓦尼城堡，跨越谢尔河的舍农索城堡以及与维埃讷河眉目传情的希农城堡，加上弗朗索瓦一世、查理七世、达芬奇、莫里斯·热内瓦、于连等人独具慧眼地选择在这里安居，他们的传说和轶事让这些世界文化遗产更添传奇色彩。统计一下，遍布河谷两岸的古堡竟然有300座之多！在这批美丽珍珠里面，维兰德里城堡是最璀璨闪耀的那一颗，每年吸引着数以百万计来自世界各地的游客。

维兰德里城堡地处卢瓦尔河南岸，建成于1536年左右，是文艺复兴时期修建于卢瓦尔河岸最后一个著名的城堡。城堡是在弗朗索瓦一世的财政大臣监理下，拆毁了一座12世纪的老城堡建成的，修建后多年内属该财政大臣后代所拥有。在以后的几个世纪中，这个古堡曾多次易手，花园风格也多次改变。18世纪时，由卡斯特拉侯爵开始改建，传统但费事的法式花园被彻底铲除，被当时流行的、管理简便的英式花园取代，同时他还改造了城堡的内部结构。直到1906年，西班牙人卡尔瓦罗买下了这座城堡，其花园的风格才获得复原。这个卡尔瓦罗可谓奇葩甚至传奇，早年曾是诺贝尔医学奖获奖者的学生。其后，这位学霸兴趣转向建筑和园艺。买下维兰德里后，他竟然自学成才成为了园林专家，在系统研究16世纪《最杰出的法国建筑》中描述的法式古典花园布局后，他结合维兰德里花园内的存有遗迹，成功地复原了这座花园在文艺复兴时期的原有风貌。从此，维兰德里重新成为了一个世界级的教科书式花园，为现代人研究园艺发展史提供了活生生的教材。所以，今人应该发自内心的景仰与膜拜这位半路出家的传奇园主。

整个城堡花园面积约10公顷，分为蔬菜园、草药园、迷宫、树阵、水园、太阳园以及著名的模纹花坛园。从南到北，花园地势处理成三层台地，以石台阶联系。从整体上看，城堡庄园布局气势壮观，结构紧密，从城堡窗户可以欣赏到外面的美丽花园，奢华至极。花园东面有建在山坡上的观景台，比花园高出50米，登高俯视，风景如画；西面是村庄，古老的教堂与府邸呼应，构成文艺复兴时期的绚丽场景；北面有农场，建造高墙抵御着吹向菜园的冷风；南面的山坡是果园，成为庄园向田野的过渡。

图1 从南到北，花园地势处理成三层台地，以石台阶联系

图2 可以非常清晰地看清城堡花园的三个高差层次

图3 花园东面建在山坡上的观景台

图4 模纹花坛要求从高处或建筑俯视，才有视距和角度

一、蔬菜园

蔬菜园面积约1公顷，是完全按照16世纪杜·塞尔索绘制的版画而建的。菜圃以矮黄杨镶边，由9块面积相同、但内部几何图案不同的方圃组成。排列整齐的畦中种植了各种蔬菜，色彩鲜明，是实用与观赏相结合的佳例。从远处眺望，可以清楚地看到蔬菜园中间的十字架图案。这可以从另外一个角度验证，早期的欧式园艺的一个发源地就是修道院中的蔬菜园。这种唯美的装饰性蔬菜园曾经风靡法国，并一度成为法国园艺的代名词。井字形园路的4个交点处，有贴近地面的小水池，既是装饰，又便于浇灌，一举多得。

二、草药园

草药园是中世纪时期的所有园林风格标配之一，在城堡花园的蔬菜园与教堂之间就有这样一个草药园，专门用来种植各种香草、香料和草药。维兰德里城堡的草药园里栽培了三十多种不同种类的有益健康的植物，让高大上的贵胄之府邸有了一丝接地气的生活气息。

三、迷宫区

从造型上讲，它应该属于一种另类的“分区花坛”。绿篱是由完全对称的千金榆树阵组成，中间部分是迷宫的步道。与中国的八卦迷宫不同，法国人的迷宫没有死胡同，肯花时间一定走得出来。一般说来，中国人对此过于简单的事物兴趣不大，除了圆明园模仿过一个西洋植物迷宫外，国内非常少见。但是，外国人对此乐此不疲。

四、太阳园

太阳园位于坡上。其实从造型上讲，应该是一个典型的“英国式花坛”。它由3块青翠的草坪组成，中间是由金色、黄色和橙色的植物组成的花境。从城堡的观景

图5 蔬菜园中的凉亭

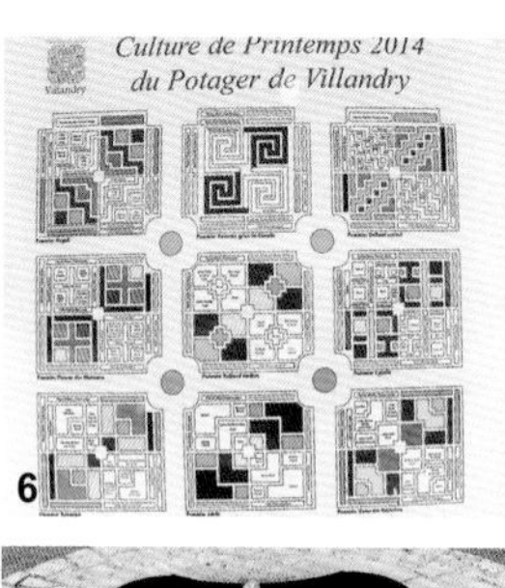

图6 蔬菜园由图案各异的9个方块组成

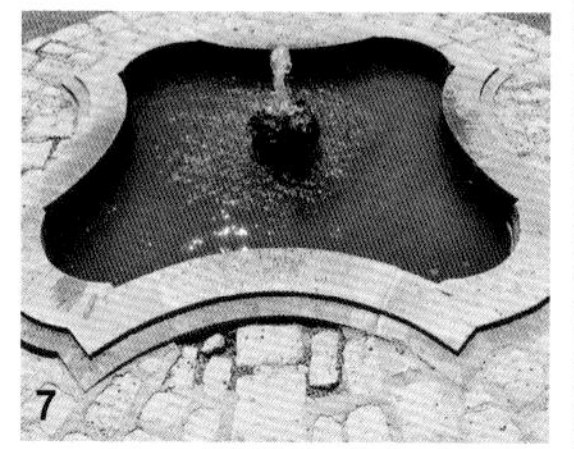

图7 井字形园路的4个交点处，有贴近地面的小水池

图8 蔬菜园是从城堡进入花园的第一个园子

图9 排列整齐的畦中种植了各种蔬菜

图10 蔬菜园的精工细作让人叹为观止

台上眺望，整个园子就像是光芒四射的太阳。猜测其设计理念来自路易十四“太阳之子”的自诩。

五、水景园

水景园是法式古典花园的重要特征之一（在凡尔赛花园的人工运河中可见端倪）。维兰德里的水景园与太阳园并列位于花园群的最高处，除了具有极高的观赏价值之外，它还肩负着为整个花园蓄水和浇灌的作用。

六、模纹花坛

曾经有这样的专业解读：蔬菜园密集地种植着最好的蔬菜，形成花园的最低层，代表了身体的需求；中层是黄杨树篱构成的模纹花园，代表理智与情感；最高层是水景园，象征着人的精神追求。而维兰德里其中最精美、最独特，也最著名的当属模纹花坛。模纹花坛是由低矮的观叶植物或开花植物组成，表现群体组成的精美图案或装饰纹样。

整个维兰德里城堡花园中，最富盛名的便是被称为“爱之园”的精美而繁复的模纹花坛。“爱之园”里那些具备不同含义的花与造型，则是卡尔瓦罗用花作诗的最佳体现。这些图案对称、有着统一主题的花园，它是迄今为止所有花坛设计中最优美、也最复杂的一种。它由4个方形小花园组成，以爱为主题来诠释不同的注解，好像以植物讲述了一段爱情的悲喜剧。

图11　太阳园全景

图12　登高俯视，风景如画

图13　太阳园中的栽植方式很像英国的花境

图14　维兰德里的水景园与太阳园并列位于花园群的最高处

图15　模纹花坛由低矮的观叶植物或开花植物组成

"激情的爱"（Amour passionne）：一个个如同面具的造型，隐含男女主人公在假面舞会上的一见钟情，许许多多的黄杨相互交错着，象征着干柴烈火般的感情的开始。

"温柔的爱"（Amour tendre）：满布着象征着爱情的心形图案，象征着被爱情火焰所燎燃的热恋，表明感情的迅速升温。

"多变的爱"（Amour volage）：折叠情书纹样说明了暧昧在发酵，扇面造型象征着隐藏的流言蜚语已经满城风雨，给整个感情埋下了阴影。

"悲情的爱"（Amour tragique）：触目惊心的匕首图案，象征男人的决斗，好似争风吃醋的情敌割碎了完整的爱恋之心，宣告情感以悲剧结束。

在几百平方米之中，修剪的黄杨和搭配的各色草花，好比是戏中的主角；不同的造型式样，仿佛是不同的装束，演绎不同的戏剧场景。这个号称当今世界上最精美的刺绣花坛，不发一语，竟然能向游客表达情感，传递信息，确实是模纹花坛中的极致经典。爱之园的花纹图案还被做成了餐巾纸、包装袋等衍生品，有特别的纪念意义。

维兰德里城堡模纹花坛的成功还有几个

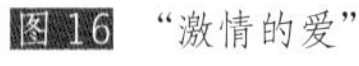

图16 "激情的爱"
图17 "温柔的爱"
图18 "多变的爱"
图19 "悲情的爱"
图20 印有爱之园花纹图案的包装袋
图21 爱之园的餐巾纸非常独特，游客都收藏了，舍不得用

要素。

一是位置选择。模纹花坛最好能从上往下观赏，或者是在附近的建筑中，或者是花坛边缘高起的台地上，即应该有俯视效果，这样才能清晰明了。当然也可以在设计中沿用沉床手法，以提高观赏效果。上海复兴公园的沉床花坛一直在花坛评比中名列前茅，有开阔欣赏的范围和舒适的视距占尽先机。

二是图案独特。要根据不同的场合采用不同的图案纹样，追求与其所在环境的协调，这也是营建过程中最难的一步。一般都选流线型、草叶纹路等人工创作图案。维兰德里城堡的模纹花坛的图案是生活中常见图案，非常引人入胜——可以说是出奇制胜。

三是植物选择。即根据设计的图案和所处的气候环境来确定勾边植物和填充花材。勾边植物一般选用当地四季常绿的种类，而填充花材一般选择一年生或者花开繁茂的球根和宿根花卉。我们往往认为规则式花坛比自然式容易打理，其实未必，规则式图案反而对放线、养护要求更加严苛，因为稍有差错，纤毫毕现。每年花园中种植的蔬菜和花卉总共大约11.5万株，其中一半都是花园的暖房自己培育的。这里园丁的工作量令人叹为观止。

图22 这种唯美的装饰性蔬菜园曾经风靡法国，并一度成为了法国园艺的代名词

图23 我们往往认为规则式样比自然容易，其实未必，规则式图案反而对放线、养护要求更加精益求精，因为稍有差错，纤毫毕现

图 24 勾边植物一般选用当地四季常绿的种类，而填充花材一般选择一年生或者花开繁茂的球根和宿根花卉

图 25 其实换个角度再看，古典元素也有现代感

图 26 辅助的花坛也美轮美奂

图 27 法式的对称花园

图 28 植物迷宫是西方园林中常见场景，东方园林中此类景观甚少

图 29 椴树组成的林荫大道

繁复与简约，可以作为古典花园与现代花园区别的一把尺子。法式花园是欧式古典花园的三大分支之一。文艺复兴时期延续古罗马规则式花园风格，独特的审美给古典园艺带来了细腻与复杂。它们壮观、瑰丽、秩序井然。文艺复兴之后，法式花园设计进入了成熟期，在注重人工美和有序造园的理念指导下，法国园艺师运用树篱、树墙、雕塑、水景等元素，创造出花园中变化多端、美不胜收的花坛组合。当然，这些繁复的花坛设计因为过于美观细腻，需要大量的人力、物力与财力去维护。在现代的花园建造中这样的设计形式已很少被采用。相反，轻松明快、更接近自然的英式花园则受到使用者和设计师的追捧和青睐。但是，换个角度说，正因为如此，维兰德里的存在才显得弥足珍贵。如今，它和凡尔赛一样是法式古典花园的典范。

普鲁士的凡尔赛宫
——波茨坦的无忧宫

撰文 / 林小峰

上图 具有意大利台地园风格的宫殿

波茨坦距离柏林约10千米，周边的柏林纳森林和哈维尔河形成的一系列湖泊和池塘，为宫殿和庭园提供了丰富怡人的自然资源。波茨坦在历史上曾经是政治和文化生活中心，现在是柏林地区的主要卫星城市。波茨坦是城市设计中的杰作，根据自然背景，规划师从有利的视觉角度来组织城市中园林和宫殿建筑，借鉴了法式和英式花园的风格，在设计中平衡运用了对称和自然的原则。尽管建筑样式丰富、风格多样，整座波茨坦仍然保持着和谐美丽的格调。

波茨坦内无忧宫庭园正是这种混合风格的卓越典范，除了巴洛克和古典风格，这里还有洛可可风格。克诺贝尔斯多夫、辛克尔和莱内，这些著名的艺术家使19世纪盛行的复古主义在早期的无忧宫庭园建筑中留下了流芳百世的作品。

无忧宫是18世纪欧洲艺术运动的合成品，结合了当时君主制背景下的建筑创意与地景设计。宫名取自法文的“无忧”或“莫愁”。整个王宫及园林面积为90公顷，因建于一个沙丘上，故又称“沙丘上的宫殿”。无忧宫是18世纪德国建筑艺术的精华，全部建筑工程延续时间达50年之久。虽经战争，但未遭受严重破坏，至今仍保存完好。

提到无忧宫必须多花些时间介绍她的主人——腓特烈二世。这位“开明专制”君主的代表人物，他那穿越时空的名言——“我是这个国家的第一公仆”，令人耳目一新。

这位普鲁士王国的第三位君主，在位时间从1740年至1786年，史称腓特烈大帝。对德国人来说，腓特烈大帝是有史以来日耳曼民族最伟大的帝王，是一个辉煌的神话。在他统治时期，普鲁士军事大规模发展，领土扩张。而这位枭雄不仅是卓越的政治家与军事家，还是经济学家和法律学家，他建立了普鲁士国家银行，鼓励工商业发展；设立科学院并确定了一系列法律。他在哲学与文学上也颇有造诣：今天的无忧宫中，最隐秘的场所不是香艳的闺房，而是只有从国王的寝室及办公室才能进入的国王图书馆。这位君主嗜书如命，藏书汗牛充栋般的图书馆，是他最为心仪的地方。就是在这书的海洋中，腓特烈二世手不释卷，勤奋耕耘，亲自撰写出版了《给将军们的训词》《当代史》《七年战争史》等30多部流传于世、蜚声遐迩的作品，所以他与伏尔泰等大文学家才能无障碍沟通。更让人啧啧称奇的是他竟然还是音乐家，吹得一口好长笛并擅长作曲，他写了100多首长笛奏鸣曲，被称为长笛之父；他曾于1747年在无忧宫与作曲家巴赫会面，进行音乐方面的探讨，得到了巴赫的高度赞赏。这样一个旷古奇才要抓起造园来，凭着深厚的文化积淀、睿智的眼光、强势的做派，不弄个空前绝后的孤品也辜负了其绰绰有余的才华。

所以，他担任造园总设计师，其他园林大师只能做设计助手。这也使无忧宫具有了卓尔不群的景象。宫殿本身就够另类的，是欧洲皇室宫殿中唯一的一个一层建筑。宫殿建筑有十多米高，200米长，正殿中部为半圆球形顶，两翼为长条锥脊建筑。宫殿主体建筑呈淡红色，廊柱立面，整体呈拜占庭风格，典雅大气。殿内为洛可可风格的装饰。殿正中为圆厅，天花板上的装潢金碧辉煌，溢彩流光自不待言。室内多用壁画和明镜装饰，璀璨奢华的程度也可以想象一二。宫殿东侧还有珍藏124幅名画的画廊，这些绘画多为文艺复兴时期意大利、荷兰画家的名作。画廊宽敞明亮，每逢佳节，这里都举办音乐会。然而，无忧宫最出色的不在室内而在室外。

1745年，腓特烈大帝亲自参与设计和监制，在山坡下建起了一座巴洛克式花园。在无忧宫宫殿外，随山坡渐次升高筑有6层阶梯式长条平台，每阶平台上都搭着青绿色的

图1　无忧宫主体建筑
图2　层层台地园上的温室
图3　波茨坦平面图
图4　无忧宫建筑上的雕塑
图5　宫殿内部装饰

1

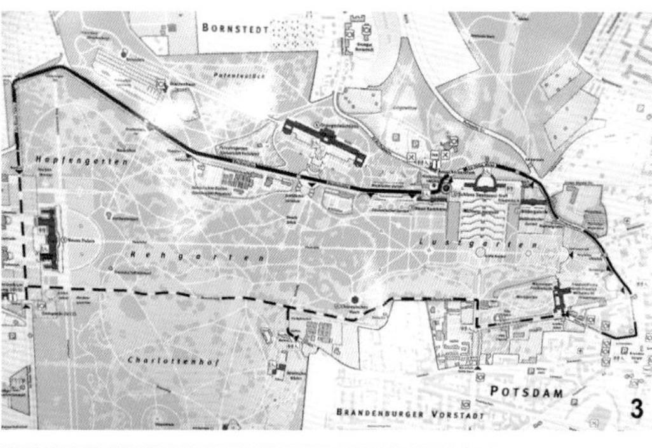

3

4

2

5

葡萄架，台边还有青碧色的松树为衬托。为了弥补高差，平台间筑有132级台阶。从下往上看，有高山仰止之感：那铺满花草果蔬美丽色彩的梯形“葡萄山”，托起蓝天背景下的“袖珍”宫殿，使其非常有尊贵感。在弧形台阶下凹进去的168个玻璃罩子里面，则种上了怕寒的无花果树。梯形露台的两端则被绿色草坪覆盖，并被种植上了紫杉树和灌木加以分割。山的两边都建有坡道。耸立在阶梯状葡萄园之上的宫殿从下面仰视显得尤为秀美；在宫殿从上往下看，美丽花园一览无遗：蓝天白云、绿茵红花、金色的宫殿、白色的雕塑、碧绿的池水。这里是整个园林最佳的观景之处，置身于如画般的美景中，日理万机的大帝也应该无忧了吧？

1748年开始，花园中心建起了圆形的喷水池，正对着大殿门廊。此喷泉采用圆形花瓣石雕，四周有“火”“水”“土”“气”4个圆

图6 大气简洁的俯视效果

图7 从宫殿俯瞰花园

图8 精妙绝伦的雕塑

图9 温室的式样

图10 无忧宫的亭子

形花坛陪衬，花坛内塑有神像。从1750年开始，用大理石雕刻成的罗马神话人物——美神维纳斯、商业神墨丘利、太阳神阿波罗、月神狄安娜、生育与婚姻之神朱诺、众神之神朱庇特、战神马尔斯以及智慧之神米诺娃和连同具有比喻意义的四元素火、水、风、土被放置在水池的四周。其中爱神维纳斯、商业神墨丘利的雕刻家是皮嘉尔，风和水的雕像则出于朗贝尔·亚当之手。它们是法王路易十五的礼物。整个宫内有1000多座以罗马神话人物为题材的石刻雕像，雕像都是造型精美、栩栩如生的精品，让人难以忘怀。这个花园的外围及几个宫殿之间没有围墙阻隔，而是通过森林、水面来有机分割，达到隔而不断，将自然景致与人工构筑巧妙结合，使屹立在山丘的宫殿与平原的园林融为一体，使充满尊贵感的建筑与自然的园林有机结合。

在无忧宫的一侧，有一座虽不宏伟但金

图11 中轴对称的人工美
图12 规则式园林一角
图13 中国风格的亭子
图14 拥有中国瓷器是值得王室炫耀的资本
图15 园内中心喷泉与台地公园的关系

碧辉煌的亭楼，该建筑被称为“中国楼”，采用中国传统的碧绿筒瓦、金黄色柱、伞状盖顶、落地圆柱结构。那段时期，欧洲盛行中国风，例如，皇后夏洛滕就是中国瓷器的发烧友。腓特烈大帝自然不会例外，作为“文艺青年”，他对东方古国中国也充满了迷恋，尽力搜集了各种来自东方的物品，如丝绸和瓷器，以此装饰自己的中国楼，在布置上以想象来装点自己心目中那个神秘的东方世界。亭内桌椅完全仿造东方式样制造，亭前矗立着中国式香鼎。由于受当时交通工具所限，同期的欧洲人与当时中国的相互交流还是很少。即使贵为大帝，他本人一生都未曾离开过欧洲。当现代游客仔细观察那些雕像，会觉得虽和中国人有些形似，但还是很别扭，怎么看都像欧洲人穿着中国传统服饰的感觉。这是受当时客观条件所限，并不是他们主观能力不足。由此对照我们现在流行的“欧陆风”，是不是在欧洲人看来与此类似，且不说东施效颦，不正宗是肯定的。文化与艺术的价值在于时间的积淀与空间的交汇，着急不得。

1990年联合国教科文组织将无忧宫宫殿建筑与其宽广的公园列为世界文化遗产，评语言简意赅：无忧宫的宫殿与公园，可视为普鲁士的凡尔赛宫。

图16 青铜雕塑
图17 植物长廊组成的框景
图18 园内修剪造型的植物
图19 非常自然的风光
图20 游人尽享自然美景
图21 园内自然风景
图22 公园的主体部分有英式花园影子
图23 模纹花坛

16

17

18

19
20
21
22
23

德国古典园林的瑰宝
——记夏洛滕堡宫

撰文 / 林小峰

上图 夏洛滕堡宫大门入口处广场

图1 入口处古代武士雕像健壮威武

夏洛滕堡宫，位于柏林城西露丝广场，是柏林地区保存得最好、也是柏林最大的皇宫。夏洛滕堡宫是普鲁士皇族的避暑行宫，是一个夏季避暑胜地，内有宫殿、花园及陵墓，环境清幽，包括了教堂钟楼、东翼和西翼建筑、橘园以及宫廷剧院等。

夏洛滕堡宫建于1695年，是为了当时的选帝侯腓特烈三世的妻子索菲·夏洛滕专门修建的一座避暑的夏季花园，皇宫的主要宫殿及最初兴建的两座偏宫的设计均参照凡尔赛宫，具有鲜明的法国风格。1701年，选帝侯腓特烈三世加冕普鲁士国王，改称腓特烈一世，夏洛滕也自然成为皇后。宫殿此时在约翰·埃奥桑德·哥德主持下进行了扩建。而宫殿的改名，是在1705年夏洛滕皇后去世以后，为了纪念她而将其改称为夏洛滕堡宫。在1713年又一次以巴罗克式花厅为中心进行扩建，配上圆顶。宫内部有曾被描述为“世界第八大奇迹”的琥珀室，这个房间的墙壁装饰着琥珀，令人惊叹不已。同时，这座宫殿公园仍然是欧洲花园建筑艺术的典范之一。

夏洛滕堡宫又经过了之后几任国王的改造，在1740至1746年修建了东边全新的洛可可风格的厢房，里面有皇室套间。1788至1791年，将部分花坛改成英式园林，设计了橘园西头的施洛斯剧院与院中现名观景楼的宫廷茶室，这样夏洛滕堡宫就有505米长了。最后在1810年，腓特烈·威廉三世决定，为纪念他受人民爱戴的妻子路易莎皇后，在花园里为她建一座陵墓。1824年至1825年兴建了那不勒斯别墅式的新馆。现宫内及周围的建筑皆为艺术馆及博物馆。

令人扼腕叹息的是，在第二次世界大战中，夏洛滕堡宫在1943年一场轰炸之后几乎完全被毁，经过几十年，重建工作才完成。这得益于德国人出类拔萃的档案积累。现在整个皇宫已经被奇迹般地按原样修复。2005年11月10日，时任德国总统克勒曾在夏洛滕堡宫举行隆重的仪式，欢迎时任中国国家主席胡锦涛访问德国。

从宫前广场的门口进入，可以看到栅栏大门两端门柱上各有一座古代武士裸体雕像。两座斗士雕像的目光炯炯有神地盯住马上骑士，左手持盾牌拨开对手长矛，右手紧握短剑，英俊健壮。庭院中心是安德烈亚斯·施吕特尔于1696至1697年所作勃兰登堡选帝侯威廉骑马像，表现了他一贯的军人气概。走进石头铺成的皇冠前院，便是夏洛滕堡宫的两层建筑。红瓦黄墙，正中一个绿色大圆顶耸立苍穹；圆顶之上，一尊镀金女神脚踩金球，她是幸运女神福尔图娜，她左手提着披巾，姿态优雅。现在城堡收藏了很多有价值的艺术品、油画、文物、奇珍异宝。皇冠、皇家瓷器、御用家具等的奢华繁复不用多言，中国元素也非常多样：青花瓷、中式家具、中国绘画……从中可以看出这个时期中国文化对西方文明的影响。

据史料记载，400多年前的欧洲人还不会

图2 橘园外景

图3 皇宫穹顶上是幸运女神福尔图娜雕像

图4 典雅高贵的女眷休息室

图5 古钢琴表面画满了中国主题绘画

图6 精美绝伦的皇室用具

图7 令人垂涎的皇室皇冠

2

3

4

5

6

7

生产瓷器，因而瓷器并不是人们日常使用的物品，而只被当作展示的奢侈品，因此瓷器也被欧洲人称作“白色的金子”。16世纪西方在形成了较大规模的海运能力后，大量的中国瓷器由海上丝绸之路运达欧洲，并在欧洲引起极大轰动，甚至掀起了17、18世纪欧洲的“中国热”。当年的欧洲贵族们痴迷地竞相购藏中国瓷器，这使得欧洲各国留下了无数的瓷器陈列室。而其中一个疯狂的粉丝就是夏洛滕皇后。她本身就是一位多才多艺、接受过良好教育的王后，热爱音乐、戏剧和哲学。这些素养也培养了她在瓷器收藏方面独特的眼光；同时，皇室的资金也给了收藏必要的经济保障。

夏洛滕堡宫中的中国瓷器陈列室是最能淋漓尽致反映出夏洛滕皇后收藏中国瓷器狂热的地方。它位于宫殿一层的一间屋子里，瓷器陈列室也被工作人员称为夏洛滕堡宫“最有名的房间”。当游客走进瓷器陈列室都会情不自禁地发出啧啧惊叹。60平方米的房间内，墙壁四周从上到下都被夏洛滕收藏的2700件瓷器饰品填充得满满当当。在镶有金边的镜子映衬下，愈加奢华。在这里，人们可以看到龙、鸟、鹰等造型的瓷器，顶着青花瓷盘的中国人雕塑以及绘在墙面上的中国绘画。夏洛滕堡宫的瓷器陈列室是欧洲藏品最多、也是最为精美的瓷器陈列室之一。除此以外，几乎在夏洛滕堡宫的每一个房间里，人们都可以看到来自中国17世纪左右的瓷器装饰品，在其他欧式家具的对比之下，这些独具东方风情的装饰品格外夺人眼球。例如，在夏洛滕的房间里，人们可以看到壁炉上摆满的青花瓷饰品，或画有凤凰、中式古建筑的花瓶以及各种观音造型的瓷器等。夏洛滕甚至还让人在她心爱的古钢琴上画上具有中国风格的绘画，以表达她对当时中国文化的热爱。夏洛滕堡宫中的中国元素不仅向世人展示了中华瓷器迷人的魅力，同时也记录下东西方文化和中外贸易交往中的一段历史。

夏洛滕堡宫花园非常具有特色，主要看点有三个部分。

一是中心模纹花坛。花坛分成三段，第

图8 厅堂金碧辉煌

图9 专门收藏中国青花瓷的房间

图10 白色石子调亮了绿色基调

图11 模纹花坛细部

图12 中心花坛的背景是大型树阵

图13 阳光下的花坛色彩对比鲜明

图14 细腻繁杂的模纹花坛

图15 模纹花坛内石子与绿篱的图形构成

图16 模纹花坛一角

图17 中心花园的平面图

图18 具有法国印记的中心花园

8

9

一段由白色及灰色石子、砖红色树皮、深绿色绿篱与草皮构成非常细腻复杂、色彩强烈的花纹，这是整个模纹花坛中最华丽流畅的部分，把它放在前段是因为这里离宫殿最近，在二楼的窗户往下俯视，整个模纹的美丽尽收眼底；第二段是由中心喷水池与6块花坛组成，在中端形成视觉中心，也是花坛头尾两端的焦点；第三段又是两大块模纹花坛，相对简洁明快。从平面图上可以清晰地看出，整个中心模纹花坛是标准的法式花园。

二是视觉末端的英式花园。英式花园由湖泊、疏林草地、小桥等英式元素构成，自然质朴，反映了这个时期受中国风熏陶的英式自然式园林对欧洲其他国家的影响，也是当时西方

园林在法式与英式之间摇摆过渡的实情。

三是两边的树阵。经过准确定位与精细养护的行道树树阵，枝干粗壮，绿荫匝地，色彩浓郁，气势恢宏，既充当了前面两个部分的背景，本身也是组景的一部分。生长多年的大树阵拍出的照片非常有意境，浓烈的绿色仿佛摄影棚的背景。这些皇家气派是普通公园无法比拟的。

作为德国古典园林代表作之一的夏洛滕堡宫历史悠久，风格独特，命运多舛，风韵犹存，是研究欧洲园林史以及中国对欧洲影响的范例。

图19　中心花园的尾端是英式花园

图20　从花园回望皇宫的建筑

图21　模拟自然的英式花园

图22　花园的尾端景观

图23　绿树与花园衬托着皇宫的气派

图24　整形的树木与绿篱，加上座凳，构成节奏感

图25　皇宫的视觉通过整形的树木绿篱构成

图26　数排行道树构成的绿色树阵如列兵方阵，伟岸雄壮

图27　树阵的浓郁绿意浓烈得如摄影布景

19

20

21

22
23
24
25
26
27

中国传统文化的认识和传播

——豫园长寿文化

撰文 / 胡玎 王越

作者介绍

胡玎 城市特色规划设计学社社长，同济大学可持续发展学院教授，同济设计集团规划与景观中心主任

王越 同济大学继续教育学院教师，上海同济城市规划设计研究院国家注册规划师

上图 豫园园名

图1 “刘备招亲”石雕

豫园是上海第一古典名园，大家都耳熟能详，但如果带上陈从周先生的《说园》、陈业伟先生的《豫园》、薛理勇先生的《文以兴游——豫园匾对、碑文赏析》这三本书作为专业“导游”再去细细研读看似熟悉的园林，这座中国传统文化大观园依然有太多可以品味的内容：随游随读，别有情趣。先是坐在仰山堂的回廊里，隔水北望大假山而读书；之后绕进鱼乐榭，看着慢悠悠飘在水里的鱼儿读书……从一块砖雕到一副对联，一一品读。

豫园里的中国传统文化可以分成两大类，一类是哲学性的、隐性的，比如整座园林是按照天人合一、师法自然的理念营造的，山水、建筑、花木的组织，游园者与环境的关系，无不蕴含着这样的思想；第二类是故事性的、显性的，比如听涛阁墙上的石雕“刘备招亲”，生动而清晰地描绘了镇江北固山甘露寺内，刘备拜见吴国太，迎娶孙权妹妹孙尚香的故事场景。

豫园里游人如织，其中大都是外地和外国游客。可以注意到他们对显性的文化内容会产生更多的互动和共鸣，比如在专家眼中龙墙是后人补建的败笔，而中外游客都非常喜欢，因为墙上的大龙头中国味十足，且在中国园林中很罕见。导游讲解双龙戏珠门楼上的“鲤鱼跳龙门”后，众人更是欣然入门。随着时代发展，看来文化传播也需要深入浅出，渐入佳境了。那么，在豫园这座文化的宝库中，有哪些显性的文化内容？如何富有创意地、由显至隐地传播这些文化呢？

豫园中的显性文化主要通过建筑物命名、楹联题刻以及与建构筑物结合的木雕、砖雕、石雕、泥塑、铺地图案等来表现。这些显性文化主要包含以下几类内容。科举仕途文化：例如涵碧楼正对墙上的“上京赶考”、卷雨楼东侧墙上的“连中三元”等；福禄旺财文化：例如渐入佳境游廊入口花街铺地的“如意旺财”、万花楼葫芦形花街铺地的“福禄”等；历史故事和神话传说：例如和煦堂屋顶的“关羽黄忠战长沙”、涵碧楼内梁枋上用40幅木雕镌刻的全本“西厢记”故事、点春堂廊壁上的“八仙过海”等；君子比德文化：例如东门门楼上的“梅兰竹菊四

图2 游人偏爱的龙墙

图3 “如意旺财”花街铺地

图4 “上京赶考”砖雕

图5 东门楼“梅兰竹菊四君子”和“鹤鹿同春”砖雕

图6 涵碧楼雕刻《西厢记》的故事

君子”砖雕、三穗堂东侧院墙前的“松竹梅岁寒三友”植物组群等。以上几类中国传统文化内容可以进一步通过图文介绍，让游客深入了解。

豫园的“长寿文化”可称之为豫园的主题文化。在老龄化社会的背景下，让豫园成为上海大都市的传统长寿文化窗口，并富有创意地传播和弘扬长寿文化。

在中国，长寿是一种客观现象，更是一种精神和文化的象征。豫园“长寿文化”要从造园初衷说起。明代潘恩辞官告老还乡，其子潘允端为了能让父亲安享晚年，建造此园。为“愉悦老亲”而取名豫园。因为“豫”有“平安”“安泰”之意，且取“愉”的谐音。建园之初，与黄石大假山隔着主湖面相望的正是乐寿堂。乐寿堂的东侧建有颐晚楼。潘允端在《豫园记》中写道：“时奉老亲觞咏其间”，真是子孝父寿、天伦之乐的情景。经过历次兴废、修缮和补建，如今游客可以在豫园中看到很多长寿文化，并和孝悌文化、福文化等交融在一起。

一、护佑长寿的仙人

在中国传统文化中，各路神仙主管着人的生死祸福。如果要想长寿，不能不拜南极仙翁、彭祖、麻姑等神仙。在豫园中，自然可以找到这些护佑长寿的仙人。“神仙图”砖雕位于溪山清赏门旁。图中有各路神仙，南极仙翁在仙童陪伴下，手捧寿桃，送来长寿的祝福。“五老峰”组石位于绮藻堂和藏书楼之间的院落中。五块石头的中间三块又称为“福禄寿三星石”。“五老”，庐山亦有五老峰，古人常绘五老图。“寿星石”，盖以石拟人，祝愿老人寿比南山、福如东海。“寿星”和“麻姑”的脊饰位于和煦堂屋顶垂脊的端头。麻姑又称寿仙娘娘，是汉族信仰的道教人物。因她“已见东海三次变为桑田”而喻高寿。民间还流传有三月三日西王母寿辰，麻姑于绛珠河边以灵芝酿酒祝寿的故事。

二、长寿和健康生活的故事

中国历史上有很多真实的长寿名人，他们的故事往往被引为楷模，可谓功成名就与长寿多福兼得。比如豫园内园可以观对面的墙上“郭子仪上寿图”的砖雕。郭子仪文武双全，是唐朝杰出的将领，也是古人中的长寿者，终年八十有四。砖雕描绘了他的子女来为他贺寿，子孙满堂的欢乐场景。超然

图 7 “麻姑献寿”
图 8 “南极仙翁”
图 9 “神仙图”砖雕
图 10 “郭子仪上寿图”砖雕

的精神世界和健康的生活方式有助于古人长寿，因此此类名人故事也常被引入古典园林。比如豫园渐入佳境游廊入口处的墙上有一幅“梅妻鹤子”砖雕，讲的就是北宋大儒林和靖隐居在杭州西湖孤山的故事。他终日与两只白鹤为伴，并种植梅树三百六十五株，以一树之梅换一日生活开支，清净度日。白鹤和梅树就如同他的妻与子，被传为佳话。

三、祈福长寿的吉祥图案

中国传统吉祥图案是古人表达各种物质和精神诉求的符号体系，经过世代相传，数量巨大。豫园中就能找到一大批祈求长寿的吉祥图案。三穗堂建于万寿堂原址，是运用长寿图案最集中的建筑。三穗堂前的围栏上雕刻的是“万寿”图案 。建筑围廊下有八幅精美的泥塑漏窗，其中“松鹤长春”漏窗在松鹤图案外环以回文福禄寿喜四字，尤为精美。而“长寿瑞福”漏窗以吉祥鸟立于古松之上为中心，辅以葫芦、方胜、平升三级（宝瓶中插有三支戟）等。在豫园的门楼和建筑围墙上有多处长寿主题的砖雕。比如双龙戏珠门内的“长生不老”砖雕，不老松下的千岁鹿守护着灵芝，祥和万载。主入口门楼内侧中央有“梅寿”篆字砖雕，寓意“梅寿长春”及“梅寿万年”。园内还有多处祝寿图景，包含“三星祝寿”“王母祝寿”“八仙庆寿”等，并用双鹿对双鹤的“鹤鹿同春”砖雕予以衬托。在绮藻堂的廊檐下则刻有一百种书法形体的寿字，故称“百寿廊”。徜徉于园中，游客还会时不时踩中地面上的“瑞福”。比如内园月洞门前有“福禄寿富”花街铺地，以四只蝙蝠围绕着回头鹿，配以双钱和寿字图案。点春堂前有“五福捧寿”花街铺地，以五只蝙蝠烘托寿字，五福即寿、富、康宁、攸好德、考终命。“圆满同心”以方胜和圆形组成，愿永结同心，白头偕老。最让人叫绝的是一组天地呼应的“万年青”文化载体。大假山入口的“万年青”花街铺地与卷雨楼顶的“宝象驼万年青”雕塑遥相呼应。游人在举首抬足间，就融入了太平长寿和万古长青的氛围之中。

四、豫园内潜在长寿文化

中国园林中的植物等自然元素均蕴含着

图11　三穗堂“万寿”图案栏杆

图12　“福禄寿富”花街铺地

图13　陈从周先生题写的“引玉”

图14　“万年青”花街铺地

图15　“宝象驼万年青”雕塑

深厚的文化，可以通过点景彰显豫园自然元素中的长寿文化。比如位于万花楼前的古银杏，是由潘允端亲手栽植的，与豫园同龄，乃镇园之宝。银杏也称白果树，是植物中的长寿树。又如享有“江南假山之冠”美誉的大假山，高约14米，宽约60米，纵深40米，气势宏大，种植象征着长寿多福的五针松、黑松、罗汉松等。子曰：“知者乐水,仁者乐山；知者动，仁者静；知者乐，仁者寿。”所以大假山可以说是江南屈指可数的万寿山。而位于玉玲珑西侧的跂织亭和绮藻堂也蕴含着可以深挖的长寿文化。

“跂织”是踮着脚纺织，“绮”是有花纹的纺织品，“藻”是有色彩花纹的彩带服饰。原来这组建筑的命名是为了纪念创造中国棉纺织技术的黄道婆。黄道婆是元代人，一生从海南到上海，历尽辛苦，劳作终至85岁的高寿！如果黄道婆和郭子仪结合起来，可以称为豫园中的文武双寿。从黄道婆对中华民族的贡献来说，又可以称为积善而寿。

豫园中的长寿文化精彩纷呈。一方面要点题和点景，突出豫园的长寿文化；另一方面可以做如下的工作，以便更好地传播长寿文化。

1. 豫园中的楹联很丰富，也很有品位，但祈寿的楹联不多，只有大戏台前的楹联涉及了一点。该联写道：“天增岁月人增寿，云想衣裳花想容。”因此，可以组织文人墨客予以补充，或者引入国内著名的祈寿对联。豫园是全国文物保护单位，可以在当代增加文化元素吗？当然可以，文化需要继承和发扬。正如陈从周先生主持豫园东部修复后，就题写了“引玉”“流翠”“浣云”等景名。古今文化有所辉映，其实更有魅力。

2. 豫园听涛阁内设有两层展厅，五一期间是“莺歌燕舞——豫园馆藏花鸟书画展”，古典园林和国画书法相得益彰。在动态主题展览的基础上，今后是否可以用一个楼面的展厅常设豫园传统文化展，并重点介绍和传播豫园的长寿文化、孝道文化。

3. 在豫园中选一处不大的水面专门放养乌龟，比如内园中的九龙池。一则以象征长寿的乌龟为豫园的长寿文化锦上添花，二则进一步增加豫园人与自然和谐的生气。有鸟、有鱼、有神龟，天人更合一。

4. 建立志愿者讲解员队伍，现场讲解豫园的长寿及中国传统文化。上海的各大博物馆都有青少年志愿者讲解员，豫园也应提供这样的平台，并让我们的孩子们在讲解中了解和热爱传统文化，更加尊重老年人。2005年日本爱知世博会，当地的老年人志愿者给我们留下了深刻的印象。上海是全国老年人口比例最高的城市之一，而且老年人的文化素养也很高。豫园老年人志愿者讲解员一定会吸引老年人踊跃报名，谱写上海寿星老有所为的新篇章。

5. 背楹联，游豫园。除了讲解豫园的长寿及其他传统文化外，应该让游客亲身参与，更好地融入豫园文化之中。曲阜曾经推出了“背论语，游三孔”的活动，会背的游客免费游览孔府、孔庙和孔林。上海的公共服务水平很高，文化事业和文化产业昌盛，让部分游客实现“背楹联，游豫园”，应该是有可能的。

6. 开辟豫园部分区域的夜游，定期组织长寿文化有关的戏曲表演。苏州网师园在殿春簃内赏昆曲、在小山丛桂轩内听评弹、在濯缨水阁聆古筝让中外游客印象深刻，大开眼界。因此，豫园可以在局部区域开展夜游，比如内园，这样既可以拓展夜上海旅游的品牌项目，又可以促进传统文化的传播。

7. 树立豫园文创品牌。台北故宫文化创意让北京故宫获得启发。“故宫文创”已经成为海峡两岸共荣的亮点。如果能用好豫园的传统文化，树立豫园文创品牌，一定能为上海这座设计之都和创意之城增加亮丽的一笔。

豫园是上海传统文化百宝箱中的一颗明珠，创新继承和发扬其长寿文化，将会让她放出更夺目的光芒。加强传统文化的再认识，推动优秀传统文化的创意传播，对于当代社会意义深远。

图16 豫园东部水景

图 17　江南三大名石之豫园玉玲珑

图 18　谷音涧师法自然

图 19　“长寿瑞福”漏窗

北方的荣耀
——圣彼得堡彼得宫园林艺术

撰文 / 杜安

作者介绍

杜安 上海市园林设计院高级工程师，副主任设计师

上图 从芬兰湾遥望彼得宫

图1 芬兰湾海滩

图2 远眺芬兰湾

彼得宫即夏宫，始建于1709年，自1714年起大规模兴建，是彼时沙皇夏季避暑的行宫。彼得宫坐落在圣彼得堡郊外芬兰湾畔的一处高地上，距离圣彼得堡市区29千米，它的建成象征着沙皇俄国在北方战争中打败瑞典，夺取了波罗的海出海口，从而成为欧洲强国的荣耀。正如风景画家别努阿所写："人们常常将彼得宫与凡尔赛相媲美，但是这却是一种误解……实际上是大海赋予了彼得宫独特的性质。彼得宫仿佛生于大海的泡沫之中，仿佛被强大海王的威严所召唤，唤醒了他的生命……彼得宫里的喷泉并不是附属品，而是主要部分。喷泉象征性地表现出了一个水中帝国，大海中无数的浪花飞溅而起，在芬兰湾海岸徘徊。"

在分析彼得宫的造园艺术之前，首先需要对其周边状况进行探究。在波罗的海芬兰湾南岸高耸的海阶地上，曾在彼得罗夫时代就建起了圣彼得堡到喀琅施塔得的路，这条路曾取名彼得戈夫。沿着这条路的北面，根据彼得一世的一条特殊的命令，划拨了一批土地用来建造宫殿，每一区域都配有出海口。这些宫殿的正面，包括带有花坛、喷泉、雕塑的检阅场均面向彼得戈夫路展开。在道路的南面，建造工程受到了禁止，因此这里保留了森林保护区。于是，围绕着彼得戈夫路形成了一系列精致的规则式园林建筑群，她的美足可以媲美巴黎到凡尔赛的皇后路。18世纪上半叶，这里建造出了一系列俄罗斯最卓越的规则式宫殿园林建筑群——彼得宫、斯特列利纳、奥拉宁鲍姆等，为的是强调彼得一世领导下的沙俄帝国是当时欧洲最强大的国家之一。在这些宫殿园林建筑群的构造布局方案中可以发现许多共同的特点：在建造宫殿时都利用了上游的海阶地，宫殿因此便成为了建筑群的主导部分；都建造了地下通道和池座；都运用厅、馆、喷泉、雕塑或者芬兰湾海景来完成远景的建构；所栽种的植物主要是当地品种。在这些傍海而筑的尺度巨大的宫殿园林建筑群中，又以彼得宫最为著名。它的建成代表着18世纪俄罗斯规则式造园艺术的最高水准。

彼得宫的营建凝聚着包括彼得大帝在内的众多欧洲造园家的智慧，其园林的建造史可以大致分为2个基本阶段：1714至1725年——建造宫殿、园林、水系统阶段，该阶段参与的建筑师主要为柏拉乌史坚、勒布隆、米凯基等；1747至1754年——改造宫殿，填充侧路渠，修建上花园周围的围墙阶段，该阶段参与的建筑师是拉斯特列里。

广义上的彼得宫，实际上是一个规模庞大的公园系统，它由上花园、下花园、英格兰园、亚历山大园、卡拉尼斯基园、草地园等部分构成，总面积近千公顷。而通常所指的彼得宫，一般仅包括上花园（15公顷）和下花园（102公顷）。

上花园是典型的对称规则式构图，其轴线是全园中轴线的延续。花园中央为“海王”喷泉，两侧对称分布着方块形丛林和花坛，在靠近宫殿的广场上还设置了“方形”和“橡树”喷泉。上花园和下花园之间是大宫殿，其正立面长达三百余米，各大厅和正厅装饰得金碧辉煌，金銮殿、觐见厅、油画厅以及彼得大帝的橡木书房等都是建筑艺术的杰作。全园地形以大宫殿为界，陡然下倾形成台地，直至海边，高差约40米。自宫殿居高临下眺望波罗的海，视线极其开阔。

下花园大体上由纵向的全园中轴线与三组放射形园路分隔成大小不一的空间。中轴线穿过壮丽的大水池和大瀑布景观，以宽阔的运河直抵波罗的海，其两侧自大水池始分布着草坪和模纹花坛，草坪以北有围合的两侧柱廊，运河两侧则是嫩绿的草地。每组放射形园路又包含了三条林荫道，这些空间由交错的林荫道分隔形成丰富的小空间，创造出异常多样的透视效果，这种构图在以往的古典主义园林中还未出现过。下花园内设置了马尔里宫、蒙普列吉尔宫和隐士草庵（艾尔米塔什）。其中，三组放射形园路的第一组，三条林荫道自左向右，分别通向马尔里宫和蒙普列吉尔宫；第二组中的中央林荫道直抵亚历山大园，贯穿了整个下花园；第三组放射形构图始于棋盘山广场，向中央通向蒙普列吉尔宫，左边通向连结蒙普列吉尔宫和马尔里宫的林荫道，向右直至展览馆。

彼得宫最精妙处在于园内大小、造型各异的喷泉景观，而其中占据中央主导地位的

图3 上花园喷泉小景
图4 “海王”喷泉近景
图5 上花园中轴视线
图6 上花园一角
图7 上花园入口处花坛
图8 彼得宫中央大瀑布景观

8

图9 水阶梯立面

是一组集雕塑、喷泉、建筑与园艺于一体的大瀑布景观，喷泉水柱的结构与周边环境十分和谐。大瀑布景观构图的中心位置是巨大的参孙（传说中的力士和英雄）雕像，其造型是用双手撕开一头狮子的嘴，象征着俄罗斯帝国的力量，从狮子嘴中喷出高达20米的水柱。现存这组雕像是由科兹洛夫于1802年完成的。

在大瀑布景观身后的巨大水池，沿阶梯而上，聚集了成群的金色雕像，如女水神、丁香神、海豚、狮子、象征涅瓦河与沃尔霍夫河的雕像等，周围纵横交错的美丽水柱急速喷射；而在阶梯上，又耸立着各种瓶饰状喷泉。

跌水沿阶梯汇入嵌有浮雕的水池，这些浮雕完成于彼得大帝时期，设计者包括拉斯特列里、瓦索、奥斯涅洛姆。大宫殿的基座旁巨大的岩洞前，美丽的弧形水柱相互交错。此外，在水池两侧的模纹花坛和草坪中，建造了意大利式喷泉。

在主体阶梯式瀑布两侧，又各有两个小梯形瀑布。东侧是“龙”瀑布（“棋盘山”瀑布），西侧是“金山”瀑布。“棋盘山”瀑布建于下花园的一块自然阶地上，三条带有翅膀的龙张开大嘴喷出水柱，泉水沿着五颜六色的“棋盘”坡面流下。瀑布两侧装饰着18世纪意大利制作的大理石雕像。“金山”瀑布则是另一种形式，它以三个大理石台阶的花岗岩为底座，从隐藏在底座内的500多个喷水孔喷出的水柱形成了一个七层的方尖碑，令人印象深刻。另外，花园内还有许多其他样式的喷泉。如“太阳”喷泉，喷出的水柱落下时发出的潺潺声如窃窃私语，而散落的水珠突然发出的耀眼亮光也让人联想到太阳。

马尔里宫位于下花园西部，它以法国路易十四国王的马尔利列鲁阿宫为原型建造。中央林荫道自马尔里宫往东，在与大瀑布等

图10 壮丽的中轴线直抵芬兰湾
图11 中央大瀑布景观两边的柱廊式凉亭
图12 下花园丛林小景
图13 “太阳”喷泉
图14 “参孙”雕像

距离处建造了亚当和夏娃雕像，雕像旁喷出12股强大的水柱。马尔里宫右侧的坡地上原先有杰姆索夫建造的“金山”和“马尔里”跌水，现已被花神、赫尔梅斯、文艺女神等一组新的古典雕像取代。

蒙普列吉尔宫完全建在海边，是一个一层的带有顶楼的建筑。建筑两边连着镶有玻璃窗的走廊，走廊内可以散步，可以观海，又能欣赏花园美景。蒙普列吉尔宫前是规整的荷兰式花园，其中央位置是“皇冠”喷泉，在构成花园的四个长方形花坛中，对称分布了四个雕像，雕像基座形成“水铃铛”。花园内的座椅也暗藏机关，预埋地下的水管会定期喷出水柱，让游人防不胜防。小花园对面还有两处呈中国伞和橡树状的趣味喷泉，当人走近时，伞的边缘和树上会流下雨水，逗人开心。

蒙普列吉尔宫前东侧不到1公顷的空地上，建造了中国花园，内有小拱桥、花坛、置石、喷泉等小景，东方元素的生硬堆砌使其在风格上与中国山水园相去甚远，但在某种程度上也迎合了当时沙俄上流社会对中国文化的猎奇心理，于是也就不难理解彼得宫内部厅堂与卧室的壁纸为何充满中国风情了。

蒙普列吉尔宫南面，以棋盘山为终点，延伸着宽阔的林荫道，两侧分布着罗马喷泉，创造出独特的和谐气氛。

自圣彼得堡市内的彼得宫建成后，醉心法国规则式园林的彼得大帝并未感到满足。彼得宫虽然幽静，毕竟缺少凡尔赛宫苑的宏伟气魄。但彼得宫傍海而居，面朝芬兰湾，背依丘陵，皇家气度斐然。彼得宫的建设时期持续200年，华丽的宫殿、宽阔的台阶、修剪整齐的绿篱与规则式布局的小径以及园内随处可见的艺术雕像和趣味喷泉构成了和谐的风景画面。在距离宫苑南约20千米处修建的供水系统，保证了园内大小数百处喷泉、跌水的周而复始，而这一点，就连凡尔赛宫苑也难望其项背。

彼得宫是法国古典主义园林（勒·诺特尔式园林）在欧洲大陆的艺术实践趋于成熟之后，以巨大尺度在北方大陆进行移植的一次伟大尝试，是俄罗斯造园史上空前壮丽的皇家园林，也是俄罗斯规则式园林的典范。纵观其建造历史，从宫苑立项、选址

图15 海边的蒙普列吉尔宫

图16 蒙普列吉尔宫远眺

图17 丛林树影

和总体规划，彼得大帝的个人意志起到了决定性的作用。他不仅亲自参与了首批建筑的设计和公园的建设，还和大臣们一起种花植树，这在很大程度上决定了彼得宫的风格。彼得大帝的历代继任者都非常重视彼得宫的建设和发展及其风格的延续，而以勒布隆为代表的欧洲各国造园家和建筑师的参与，则集中了当时欧洲首屈一指的造园技艺与艺术智慧。

彼得宫造园艺术的独到之处，其一是在平面总体构图上别具匠心，中央轴线与放射形园路交错纵横，形成极为丰富的空间感，同时又不失规则式园林应有的和谐与秩序；其二是在选址和地形处理上，彼得宫都比凡尔赛宫苑更胜一筹，利用坡地建造的水台阶和水渠，在金碧辉煌的雕塑和制作精湛的喷泉衬托下更具视觉震撼力，成功的选址让公园有了充沛的水源，保证了全园的水景用水，这无疑是借鉴了意大利台地园的经验，吸取了凡尔赛的教训。

图18　深秋落叶

图19　棋盘山前的林荫大道

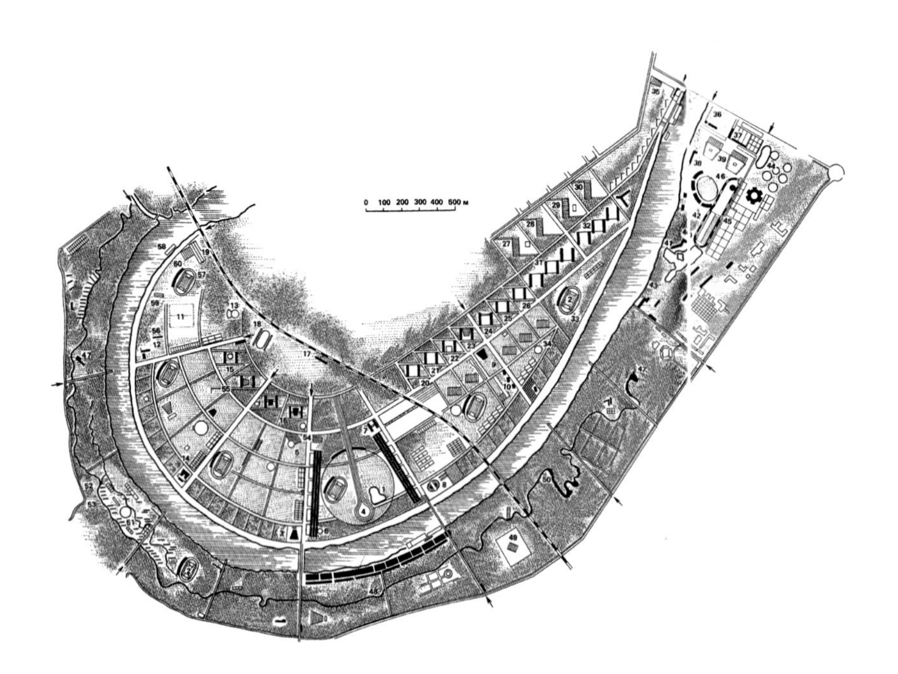

社会主义国家新型城市公园的象征
——莫斯科高尔基中央文化休息公园

撰文 / 杜安

作者介绍

杜安 上海市园林设计院高级工程师，副主任设计师

“我非常激动，要知道，所有这一切使理想变成了现实。在沸腾的大都市中心，在辽阔的人民公园里竟出现了美丽的文化休息公园（高尔基公园），真是太好了。奇妙的是，这种休息同时又是令人愉快的教育的源泉……”

——罗曼·罗兰

莫斯科高尔基公园，原称中央文化休息公园，始建于1928年，1978年庆祝建园50周年时被命名为“高尔基中央文化休息公园”。公园位于列宁山下的莫斯科河畔，面积104公顷，是前苏联文化休息公园的典范，也是莫斯科城市公园绿地系统极其重要的组成部分。

文化休息公园是前苏联独创的一种重要的景观类型，它的产生最早可以追溯到1917年苏联政府提出的联合“无产阶级”文化政策。文化休息公园超越了单一的园林范畴。根据苏共中央委员会在1931年11月3日的决议中的定义：文化休息公园是把广泛的政治教育工作和劳动人民的文化休息结合起来的新型的群众机构。因此，文化休息公园虽然是城市绿地系统的重要组成部分。但是其建设一是强调其政治属性，即公园不仅是城市绿化、美化的一种手段，更是开展社会主义文化、政治教育的阵地；二是公园被确立为一个人们进行游憩活动的机构，这意味着对容纳社会活动的建筑设施、场地的重视。文化休息公园以公园为载体，将文化教育、政治工作、娱乐、体育、儿童游戏活动场地和休息环境有机结合，本质上是一种文化综合体，它通常布置在城市公共中心和自然景色宜人的地方，公园规模宏大，可容纳数万人活动，具备多项功能。文化休息公园这一20世纪十分重要的规划思想和景观类型曾经在社会主义阵营的很多国家建设中得到广泛实践，也引起许多西方国家的重视。

作为一种规模庞大的园林形态，文化休息公园的规划设计需要众多学科的工作者共同参与，涉及建筑、文化、政治、戏剧、会展、艺术、绿化等许多门类，并由风景园林师或建筑师主导完成。不同功能分区在总规划中的位置、各功能区与园林景色的结合、适应新功能分区的构图方式等都是公园规划

上图 金兹布尔格提交的中央文化休息公园规划方案

设计中需要面对的新课题。

前苏联的文化休息公园设计理论，最初即是在莫斯科高尔基公园建设的基础上发展起来的，这座建于前苏联第一个五年计划之初的大型公园成为随后许多苏联公园建设的样板。法国文学大师罗曼·罗兰在经过实地考察后对文化休息公园大加赞赏——由高尔基公园衍生出的前苏联文化休息公园的设计理论为很多国家现代公园的设计与建设提供便捷、理性的分析和操作方法。例如，在新中国成立后百废待兴的社会、经济条件下，得到了广泛应用，诞生了合肥逍遥津公园、北京陶然亭公园、广州越秀公园等中国现代园林史上比较重要的作品。

高尔基中央文化休息公园的原址最早是一片垃圾场，后成为1923年6月开幕的农展会临时用地，当时一群年轻的设计师团队制定了展会结束后对该地块的优化完善方案，也就是公园的首个设计方案，这些设计师包括建筑师扎列斯卡娅、科尔热夫、克洛博夫、普罗霍洛娃。公园的装饰工程是由主设计师利西茨基，雕塑家沙德尔，艺术家伦金、杰伊涅卡等所完成的。

1930年，针对这座中央文化休息公园的远景规划，莫斯科组织了一次竞赛，吸引了当时苏联最著名的设计师参与竞标。这次竞

图1 高尔基纪念雕像
图2 公园内的露天咖啡吧
图3 公园大草坪上休憩的人群
图4 公园内的立体花坛

赛被认为对推动前苏联文化休息公园的理论和实践具有标志性意义。设计师们提交的方案不仅确定了公园的发展方向，而且进一步充实完善了正在逐步形成的前苏联园林建设理论。当时最著名的设计师金兹布尔格、梅尔尼科夫等都参加了投标——他们共提交了10个设计方案，多数方案都建议利用莫斯科河两岸用地，包括卢日尼基的全部地区（即今天的伏龙芝滨河路及列宁山上的大片土地）构建一个巨大的公园系统。其中金兹布尔格的方案最具有代表性。该方案采用分散布局的原则，把公园和莫斯科河平行的区域划分为很多区块，每个分区各有一种文化教育设施，当人们沿着与河流平行的道路游览时，游人一直处于同一个分区内，而如果沿着与河流垂直的道路行走，则会逐渐贯穿所有区域。根据该方案的布局，展览区设在伏龙芝滨河路上，接着是科普区，旁边是科技区。群众体育运动区设在卢日尼基地区，其中心是最多可容纳10万观众、并带有露天剧场及看台的体育场。剧场建在河对岸的斜坡上，轻巧的吊桥连接着莫斯科河两岸，并连接着看台。由群众体育区继续向前至尽头是军事城，该区域设在公园边缘，以避免影响园内其他活动。莫斯科河左岸修建了宽阔的林荫道，沿林荫道设置了植物园和动物园，在该区域，等距设置了各种游乐设施，两岸的沿河地带则作为水上体育保健游憩场所。

显然，这次竞赛提交了一系列具有前瞻性的规划，虽然高尔基公园本身并没有完全按照方案修建，但方案中的很多构思在1935年制定的莫斯科城市总体规划中都得到了反

图5 公园内的休闲设施
图6 公园内的游乐设施
图7 公园内的人工水体

映。此外，在卫国战争（苏德战争）前，弗拉索夫领导的一个建筑师小组对该场地又做过一轮规划，该方案中一些具体的设想，如卢日尼基大型体育综合体（1980年莫斯科奥运会主会场）如今已经得到实施。

高尔基公园内部的分区设置被总结为文化休息公园的功能分区的设计方法，包括五个分区：文化教育机构和歌舞影剧院区（或文化教育及公共设施区）、体育活动和节目表演区（或体育运动设施区）、儿童活动区、静息区、经营设施管理区等。每个分区都有相对固定的用地配额，同时对道路、广场、建筑、绿化的占地比例也有着详细的规定。公园全年对公众开放，已经成为城市重要的组成要素，用以提高人们的政治、文化水平，具有显著的教育意义。此外，公园通常有丰富的植物种植以及广大群众易于欣赏和理解的园林布局，它一方面为游客创造优美的环境，提供休息、游憩和健身场所，同时扩展他们的文化眼界。

高尔基公园内，各个不同的分区有相应的布局方法。公园主入口是接纳游客最多的地方，它朝向全市性的广场或主要干道，使公园与城市间有良好的互动。公园入口设有大型集散广场。同时，主入口的位置在一定程度上决定了公园用地规划和构图方式，此外修建有宽阔的园路、专用停车场、服务设施及游客驻留地等。入口通过喷泉、花坛、雕塑等作精心装饰。公园的次入口设在方便附近居民进入的地方，组织了适当的集散广场。

公园的安静休息区设在易于达到且环境良好的绿地及水边。安静休息区在公园里所占范围最大，通过密林与喧闹的娱乐场所隔开，布置在较远但交通便捷的地方，周围有优美的景色、起伏的地形和多样的植被。

儿童活动区选址于自然条件良好的环境中：地势起伏多变的绿地，有小面积的水池或溪流周边，可以组织儿童进行水上活动。设计时考虑到儿童活动区应有充足的阳光，同时方便儿童嬉戏跑动。

公园内的休闲娱乐及体育设施等专用设施、场馆相对集中，同时在公园内辟有少量独立的活动场地，满足群众多样的娱乐需

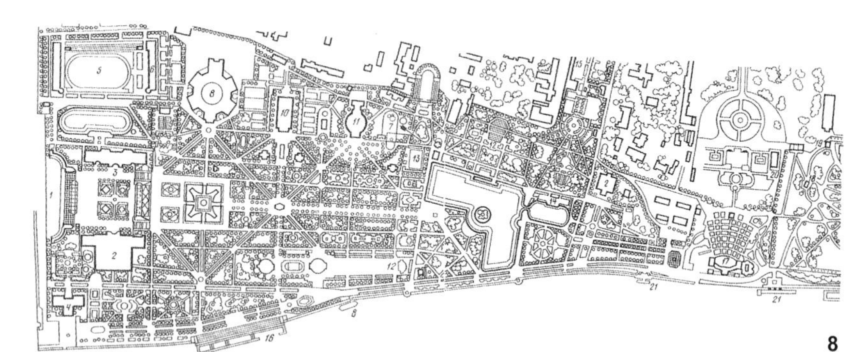
8

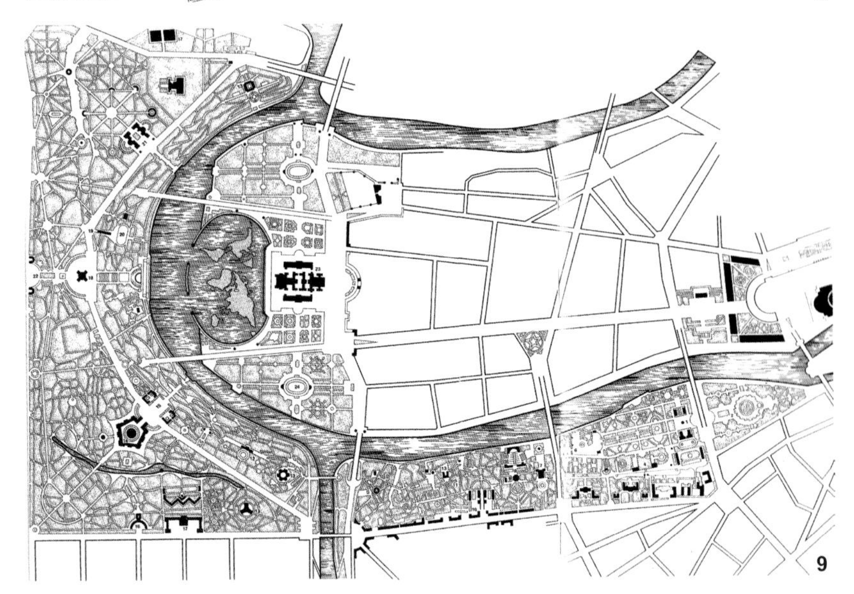
9

10

11

图8 公园实施总平面图

图9 卫国战争前弗拉索夫指导下的规划方案

图10 公园主入口

图11 公园内的花境

图12 小广场上的水池和少女雕像

图13 局部植物配置

图14 公园内的滨水景观

图15 娱乐设施

图 16 休憩小广场

求。公园内各活动场地十分注重彼此之间的联系，达到布局合理，为游人创造良好的游憩条件。此外，园内的大量密林成为各个分区之间的隔断，达到阻隔视线和消音的作用。

高尔基公园空间组织结构的复杂性在于设计师必须在一定程度上保留和利用农展会原来的景观设施和建筑物。因此公园形成了如此大面积的广场及文娱游艺设施，很多建筑物集中在正门旁边，大型花坛和一些游乐设施重合在一起。

高尔基公园是一个规模巨大的绿色文化休憩设施综合体，它在国内（俄罗斯）首次建造了露天剧场和能容纳2万观众的超大电影院，它们坐落在岛上的大舞台上，舞台的大厅在岸上能容纳800人，还建有40米高的跳水跳板（1934年）和75米高的滑雪跳台（1937年）。公园内还建造了综合的（成套的）儿童区、科学技术区、休息区、按摩专科学校、冰舞学校和现代交际舞学校、第一批俱乐部和兴趣联谊会。20世纪30年代在高尔基公园内创建了新型政治和文化教育工作的结合项目——戏剧节，露天剧场里上演了大剧院演员演出的歌剧《卡门》、芭蕾舞剧《高加索俘虏》，还发展了冬季体育健身形式。这使得当时公园访问者数量一年内达到了1000万。

在今天的莫斯科河畔，已经略显陈旧的高尔基公园是一个带有时代烙印的著名公园，建成后一度成为社会主义国家新型城市公园的象征。苏联著名作家法捷耶夫在公园内参加完作家代表大会后激动地表示："在革命前的俄罗斯，这块地方曾经是令人厌恶的垃圾场，如今已变成了丰富多彩、百花盛开的花园，百万游人身临其境感到无比欢乐和幸福，这难道不正是反映我们伟大祖国从沙皇腐朽的废墟到辉煌昌盛的社会主义所走的美好道路的象征形象吗？……"

经典的花园

西方创世纪的故事始于伊甸园，以后的事情一发不可收；东方才子佳人要么断桥相会、要么定情西厢，更有牡丹亭的相思，大观园的题诗……一句话，花园就是地上的天堂。

接下来，欣赏到威斯利的台地园、混合花境，徜徉于莫奈花园的池塘，惊讶于开普敦国家植物园的奇花异草，想象着天堂的模样。

然而，经典的花园需要当成文物般细心的呵护，而不是等于一般绿地，这点韩国昌德宫的后苑做了很好的示范，值得国人三思。

花园中的经典　经典中的真经

——记英国威斯利花园

撰文 / 林小峰

上图　规则花园的布置，竖向设计简洁清爽

图1　高山杜鹃的树干有那么粗大，难以置信

图2　一株杜鹃的花之多之密让人惊叹

图3　美丽如效果图的杜鹃园

图4　从花境园到月季园的景观视线

图5　花园内的玫瑰园

图6　杜鹃园鲜花盛开，风景如画

“世界花园中的一颗璀璨明珠”“植物园的百科全书”“植物迷的天堂”——这些是世人给一个花园他们所能想象到的所有赞美词汇，这个有口皆碑的英国花园就是威斯利，游览过这个花园的人都知道这些词汇是恰如其分的，并不夸张。威斯利花园在英国乃至世界都享有很高的声誉，是英国皇家园艺学会的旗舰花园，也是全球最值得去的十大花园之一，曾荣获英格兰旅游杰出奖年度最佳大型热门旅游景点金奖，威斯利花园还是所有爱花人心中一辈子必须去朝拜取经的“圣地”。

威斯利花园位于伦敦西郊萨里郡，花园的前身是面积为60英亩（约24.28公顷）的奥克伍德试验花园，创建者名叫乔治·格森·威尔逊，此人不仅是园艺家，还身兼英国皇家园艺学会财务官，另外还是科学家。1902年，威尔逊去世，托马斯·汉伯里爵士购买了花园及其毗连的农场，并于次年将其赠送给英国皇家园艺学会。经过100多年的精心建造，目前这个占地240英亩（约97.12公顷）的威斯利花园成为英国花园的杰出代表。

介绍威斯利花园迷人风光的文章与照片非常多，本文想深度剖析威斯利花园的经典以及背后深层次的规律，这对专业人士更加有针对性，其中的“真经”在四个方面得以极致的体现。

一、精确的定位

威斯利花园与英国皇家植物园丘园都是同样以植物见长的花园，都有数百年的植物收集引种历史：威斯利花园拥有3万种植物，英国皇家植物园丘园拥有5万种植物。在植物展示方面也有许多交集与重合部分的：例如两个园子都有杜鹃园、玫瑰园、温室花园等。这里就存在自我定位的问题：丘园始建于1759年，现建有26个专类花园，活的树木竟然有25万棵之多，丘园植物标本馆收集了500万份标本，图书馆藏有75万份世界植物图书和文献，还与74个国家的306家研究所有联系。所以在植物收集、分类等科学研究方面，丘园以极其丰富的植物品种、超大的规模、悠久的历史而成为联合国认定的世界文化遗产。威斯利花园没有必要再在植物科研方面与之媲美，必须另辟蹊径，错位发展。如果说丘园更偏重于科学性、专业性的话，针对对象是科研技术人员，威斯利的定位是则是以普及性、艺术性，针对对象是社会大众。因此，威斯利花园更加注重景观效果的观赏性和园艺的普及性。应该说，这个定位非常准确与有效，两个园子都各具特色，相得益彰，取得多赢。

反观我们在设计园子的时候，很少做前期专业策划，很少做与周边类似项目的差异分析，很少做游客人员与行为调查。所以设计的园子差异度太小，存在千园一面的现象，游客的兴致就难以被提起。

图7 这个粉红色的香椿在花园里面分外抢眼，名字叫“火烈鸟”，恰如其分

图8 从下往上看混合花境的草坪“地毯”主路两边景色

图9 从上往下看花园的主路两边景色

图10 岩石园的俯瞰图

图11 岩石园内水景的全景

图12 岩石园的水景与高差、植物的配置自然流畅

图13 岩石园内的跌水，施工质量不亚于擅长叠山理水的中国技师

图14 岩石园的叠山理石

图15 威斯利花园最著名的岩石园全景，这里被称作全世界最美的岩石园

二、精致的景观

威斯利花园造景吸取了英国传统园林的精髓，源于自然，同时又巧妙施以人工，高于自然。作为园艺的示范园，花园采取伦敦集锦式，设计了一些列专类花园，如岩石园、玫瑰园、围墙花园、蔬菜园、温室、野花花园、沙漠景观、七亩园……近20座之多。每个花园主题都各具特色，加上花园之间的茂密树林、浓郁的绿篱、盛开的鲜花和碧绿的草坪，构成了一幅幅姹紫嫣红、美不胜收的风景画。其中，有几个专类园美轮美奂，值得专门介绍。

位于威斯利花园中部的混合花境是全英国最大的花境之一，同时也是国际混合花境的最佳典范。宽6米、全长128米的一条草坪主路如一条绿色的“地毯”，“地毯”两侧错落布置了球根植物、一年生花卉。宿根花卉、灌木及整形植物等，色彩斑斓。其中仅有的2株粉红色的香椿，在花园里面分外抢眼，名字叫“火烈鸟”，恰如其分。边上的杜鹃园，各色乔木、灌木、地被杜鹃五彩缤纷，特别是胸径有几十厘米、高达数米的乔木杜鹃让人叹为观止。边上的月季园、药草园、蔬菜花园、苗圃区也各具特色，值得细细品味。

威斯利花园的岩石园被业内公认为世界上最好的岩石园，设计师举重若轻，把厚重的岩石、柔美的花草、清澈的水塘、活泼的跌水、蜿蜒的溪流与丰富的地形巧妙融合，构成了多高差、多角度、多色彩的景观，无论游客仰视、俯视、远观、近看，都是美丽的画面。

7

8

9

10
11
12
13
14

新建的温室也是吸引眼球的地方，由著名设计师皮特·奥多夫设计。温室面积达3000平方米，相当于5个网球场，其中开放温室面积占2000平方米，最高高度达12米，以外来植物为主要展示内容。温室外观呈花瓣状，在湖水的映衬下本身就是一景。温室内部被分为热带区、温带湿润区及温带干旱区等三个区域，展示了从世界各地收集的超过5000种植物。

由此可见，一个园子或者景区主要景点（区）一定要主题鲜明，特色突出，景致迷人，泛善可陈是无法具备吸引力的。

三、精密的体系

威斯利不仅是英国园艺界、更是世界园艺领域的风向标，其管理体系非常强大严密：领先的科研实力，扎实的苗圃联盟，高水准的书籍杂志，广泛的会员基础。我曾接触过其公园的管理层，来自全世界精挑细选的管理者素质极高，当然园子很大管理上不用平均发力，而是分区分级管理的。简单举个小例子，通常花园的苗木繁育地一般是杂乱到不能示人的，威斯利花园竟然可以开放苗圃区域作为景点，可见其管理水准。长期以来，英国皇家园艺学会高度重视花园社会教育、科普展示的职能。作为皇家园艺学会的主要下属单位，威斯利花园也身体力行，让来此地的人们在欣赏美丽风景的同时也获取园艺知识。小到植物“名牌”。每一种植物都设计了说明标牌，清晰地标出该种植物的相关植物知识，包括所属的科、种、品种名以及产地等信息。大到专类园设计图。不少专类花园都把设计师画的平面图。植物配置图、设计意图都详细地通过展板展示，让

图16 药物园一角

图17 高寒植物区利用墙垣进行植物配置

图18 高寒植物展示

图19 温室里面的多肉区

图20 温室的美丽侧影

图21 公园中部的景观

图22 蔬菜花园是英国花园的标配，反映了园艺与生活的黏度

图23 小小的盆景园的盆景造型也是有模有样

图24 花园的生产区也是布置得一丝不苟，完全可以作为景点

图25 生产苗圃区井井有条，是接待游客的，让人惊讶

图26 学生的一米花园作品充满了童趣与想象力

图27 学生的一米花园稚嫩可笑，但是爱好园艺的种子已经播下

图28 到花园里面来现场上课是英国学校的必修，将来产生园艺家是水到渠成自然而然的事情

花园爱好者借鉴。说明牌上还附有二维码，通过扫描就能进入英国国家园艺学会的相关网页，更详细地介绍此处花境及其中的植物，宣教工作十分扎实。

威斯利花园也是全世界最著名的园艺师培训中心，课程适用于各年龄段的爱好者，通过参观示范花园，教授如何搜集和种植植物，如何设计和培育一个小花园等等。需要指出的是，许多培训是面向全世界专业人员的，尽管你是外国人，只要在申请中体现你有足够的资历与愿望，威斯利花园也会提供食宿、机票供你专门到这里的培训中心学习，这样的广开门路体现了威斯利的园艺文化与胸襟。每次来威斯利花园都会发现，孩子们在老师或者家长的陪同下参加“一米花园”营造，孩子们把自己的奇思妙想，通过自己的小手，做出特别有想象力的小花园。看来，园艺接班人已在培养中了。

四、精准的营销

英国人有悠久的园艺传统，号称人人都是园艺师并非浪得虚名。像威斯利这样的花园积攒了大量的忠实粉丝，每个花期都会有游客前来赏花观景，当然也会在园艺上进行消费。花园专门在入口处设置了两个店，一个是园艺中心，一个是衍生品专卖店。园艺中心主要销售植物与工具：后院有4000多平方米的容器苗区域，植物以草本和灌木为主，从A到Z按照属名的首字母依次排列，非常贴心，其中的多肉品种奇特多样，是粉丝的最爱；室内大棚是各种各样的花卉、观叶植物的种子与植株。一般游客刚刚看完美丽的花园，都有装点自己花园的冲动，所以几乎没有人会空手而返。

最值得称道的是衍生品专卖店，其本身完全可以作为景点。专卖店产品林林总总有数百种，但所有主题都只有一个，那就是植物！从布艺靠垫到围裙、从餐巾纸到桌旗、从书籍到化妆品，琳琅满目应有尽有，设计巧妙、色彩鲜艳，关键还实用性强、价钱合理，让游客爱不释手，花了钱还十分开心。所以园艺生活化、艺术化是园艺进入家庭的必由之路，想到我国在园艺衍生品方面的滞后与忽视，任由承包者随意布置低劣的旅游小商品店，实在煞风景，也丢弃了一块很好的经营阵地。而威斯利花园的专卖店是游客游览完毕的最后一份美好的体验，同时，也是下次再来的期待。

威斯利花园被溢美之词包围，其实背后的成功逻辑非常严密高深：几百年的策划实施，几代园林大师的接力打磨，全民对园艺的热爱。一个花园能成为经典真是凝聚了太多的真经，值得吸取。

29 30 31 32 33 34 35 36 37 38 39

图 29 花鸟为主题的衍生品让人爱不释手

图 30 园艺衍生品品种丰富，种类多样

图 31 植物衍生品经过加工设计，成为艺术品

图 32 花园的专卖店，园艺衍生品琳琅满目

图 33 花园专卖店里面的园艺书籍专区

图 34 想象一下这些花色的餐巾纸让英式下午茶变得多么有生活情趣

图 35 园艺工具应有尽有

图 36 在威斯利花园门口的花卉促销摊，本身就是一个景点

图 37 花园门口的苗木销售区，整整齐齐，反映了管理水平

图 38 苗木销售区的花木吸引着爱花如命的英国人

图 39 威斯利花园的专卖店与咖啡店也是精心布置，里面也是一景

图 40 花园中部的这株硕大无比的金叶皂荚，在五月就金光灿烂，真佩服设计师与园艺师的精心

图 41 花园内典型的英国风光

图 42 进入园内的第一个景点，水景大气秀美

图 43 威斯利花园的入口，这株金叶皂荚就已经让人眼前一亮

图 44 花园内的中国亭子，据说是中国参加切尔西花展做的景点，后转迁此处

45

46

47

48

49

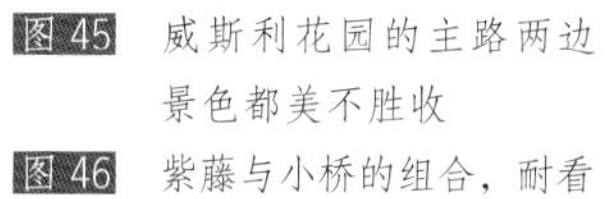

图45 威斯利花园的主路两边景色都美不胜收

图46 紫藤与小桥的组合，耐看

图47 花园的园林小品

图48 大树是花园的骨架，有了漂亮的大树与其他灌木、地被的组合，花园就立住了

图49 围合花园区域

图50 典型的英式花园区

图51 这个四照花名字叫“威斯利皇后”，母本来自中国

图52 威斯利花园的平面图，上面毫不客气地说：威斯利花园是全世界最美的花园之一

图53 园艺从娃娃抓起

图54 湖里的真假鸟

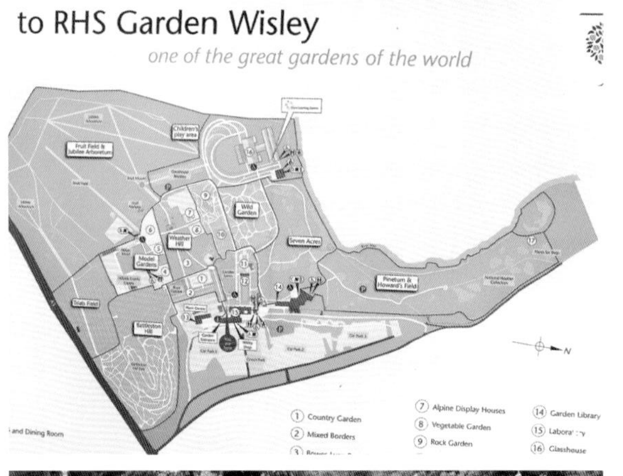

花园，莫奈最杰出的作品

撰文 / 林小峰

上图　池塘的每个角度都是一副画，难怪莫奈在这里住了几十年，天天画池塘，没有生厌

图 1　吉维尼小镇一景

“普天之下能引起我兴趣的，只有我的画和我的花。”

——莫奈

1883年4月底，只是在火车经停那么短暂时间的惊鸿一瞥，莫纳一眼相中这个位于法国巴黎以西70千米的一个名叫吉维尼的小镇。从此他在这里整整住了43年，就做两件事：画画，养花。后来他的画价值连城，他的花园也声名鹊起。莫奈，法国画家，印象派代表人物和创始人之一。他的画，例如鸢尾、睡莲、柳树、日本桥系列等是特色招牌。然而，这些题材都不是无源之水，都来自莫奈的自家花园。

一个风和日丽、草长莺飞的春天，正是探访花园的最佳时辰。还来不及细细品味吉维尼小镇的幽美雅致，一脚踏入莫奈家，便陷入了花的世界不能自拔。尽管事前已经知道这个花园美得不可方物，还是被花园的美丽惊到。

花，各种的花、各色的花，鲜艳明媚、娇嫩欲滴、高高低低、层层叠叠，好似莫奈猝不及防地把他画花的调色板丢到你面前。玫瑰、月季、鸢尾、睡莲、紫罗兰、孔雀草、花葱、毛地黄、百子莲、紫藤、雏菊、杜鹃等这些听听名字就已觉美得不行的植物，红色、棕色、橘黄、蓝色等色调的花丛错落其中，呈现出源于自然又高于自然的视觉冲击感，姹紫嫣红，美不胜收。这个

1

图2 吉维尼小镇风光独特秀美

花园放在中国任何一个花园或者植物园都毫不逊色，很难想象这是一个职业画家的作品。

莫奈总喜欢告诉别人，相对于当画家，自己更是一名合格的园丁，此言丝毫没有夸张成分。莫奈一眼相中吉维尼小镇后，买下了小镇里面带有约有一公顷院子的房子，从此对其进行了大规模改造。因他酷爱花草，于是砍掉了门前的松树，改掉原先的菜园和果园，建造了温室。1893年他又买下铁路另一侧的一块土地，建成水园。所以，莫奈的园子包括两部分，即花园和水园，它们之间现在通过一条不长的隧道连接。花园又称诺曼底园，位于莫奈绿色的住房前面，呈长方形，占地约1公顷。水园是一个人工湖，风格与花园迥然不同，岸边种满了垂柳和竹林，树木参天，曲径通幽，几座绿色小桥掩映在树丛和花丛中。水园池中种满了睡莲，池边栽植鸢尾花、凤尾草和芦苇等水生植物。水园中的桥和睡莲就是莫奈最著名的日本桥系列和睡莲系列作品的原型。在水面之上，花朵们被栽植，开花、绽放、闭合。在水面之下，缀满移动浮云的天空、摆荡的树枝与水草们的倒影交缠在一起，随着温柔的水流聚集又消散。诗人马拉美在1885年描述了他眼中的睡莲池："它浓浓的白，包含着一个空无所及的梦，包含着一种永不存在的快乐。我们所能做的只有继续屏息，向那幻影致敬……在意外的脚步来临之前，在我走开的时候，这朵完美的花儿在升起的水泡中清晰可见……"莫奈每天都在此观察，画出了这些迷离、奇幻的精灵与自然的对话。

莫奈如此的痴迷花园，他曾向别人坦白说："我的钱都用在打理花园上了，但是我很高兴！"莫奈家的花园总管手下有7位助理，他们负责养护花园四时不断的鲜花。黄色和粉红色渲染了4月，淡紫色和玫瑰色绘制了5月，蔷薇色和淡紫色浪漫了6月，白色和红色点缀了7月。莫奈毕竟是专业画家，视角独特。鸢尾是莫奈最喜欢的植物之一，他曾告诉访客，蓝色鸢尾花在淡色阴影中能够显得更加娇艳。从没有一个画家会在绘画之前如此用心地打理、观察花园，他的作品是二次创作的结果。

参观莫奈花园，睹物思人，非常羡慕他如神仙般在人间天堂的生活，可以想象一个个令人唏嘘不已的画面。每天五点钟莫奈起床，喝过一杯热咖啡后，他到花园里散散步，捕捉各种光线下花影水痕，花园里面回响着莫奈8个孩子的欢笑声；下午莫奈开始在画布上创作，这么美的花园、这么好的画，当然莫奈家会高朋满座，别墅里常来的客人有罗丹、毕沙罗、卡勒波特、奥克塔夫·米尔博、居塔夫·戈弗雷和莫奈的至交好友克雷孟

图3 故居门口，游人如织
图4 故居入口小台阶跟花园的日本桥是同样的绿色
图5 莫奈住宅外观
图6 莫奈住宅的二楼外观
图7 莫奈故居的西山墙被绿藤缠绕
图8 花草交错，色彩交织，仿佛被莫奈的笔触涂抹
图9 红色的高山杜鹃十分抢镜
图10 莫奈非常喜爱的鸢尾花
图11 花朵满溢
图12 主要通道上的花架，非常有仪式感

梭。塞尚、雷诺和西斯利也经常拜访莫奈——他们的作品曾经悬挂在莫奈的卧室内，在这间房间内，罗丹的两尊铜雕像曾经与塞尚的12幅画相邻，马奈的8幅画作也曾紧挨着德加的两幅作品。其中有个朋友这样评价莫奈的花园："我想我一定能看到一个与其说充满花，还不如说充满调子与色彩的花园，一个不像是以前的园艺家的、而是色彩家的花园。（这个花园）就是一个最初的、最生动的草稿，多少可以算是现成的、美妙的、调满了和谐色调的调色盘。"莫奈的朋友普鲁斯特曾说："莫奈创造了一个新的自然界。"

1926年，莫奈的生命走到了尽头。但是除了大量的留在油画布上的作品经久不衰外，他留在大地上的作品也历久弥新，人们已经分不清是先有花还是先有画，也分不清是花给了画创作灵感，还是画给了花永恒生命。正如莫奈美术馆副馆长Marianne Mathieu总结的：

莫奈花园是莫奈一生最大的创作。

图13 时至春天，睡莲刚刚展叶，在盛夏，可见睡莲幽美神秘的姿态

图14 水园旁边原来有条铁路线，不知道当年莫奈是如何慧眼识珠，竟知晓这个地方可以打扮得如此出挑

图15 这个角度非常入画，莫奈画了很多画

图16 柳树也是莫奈的最爱之一，他曾经画过几十米长的柳树画卷

图17 山环水抱，在树丛、花丛、水塘环绕中的绿色房子

图18 让莫奈百画不厌的日本桥

图19 沿着池塘配置的乔木和灌木，色彩、层次丰富

图20 日本桥近景

图21 日本桥上的紫藤

图22 水园安静的一角

图23 水园的外围风格偏向东方式，与莫奈故居的花园式样迥然不同

图24 池塘远景，仔细看的话已经可以看到早花的睡莲

13

14

15

16

17

18

19
20
21
22
23

图25 从莫奈故居二楼俯瞰花园的效果
图26 深深浅浅的绿，仿佛水彩的退晕
图27 花架上的攀缘植物构成立体框架
图28 花境的花姹紫嫣红、美不胜收
图29 树枝留在草坪上的斑驳倩影也入画
图30 莫奈花园是艺术、园艺爱好者的朝圣地
图31 花园也引进新的植物，这个矾根是新品种，莫奈那个时候应该没有
图32 莫奈花园真是处处有花
图33 眼力所及，还是花
图34 藤本月季的美丽倩影
图35 蓝紫色的花卉系列给人清新冷艳之感
图36 可以想象，每当莫奈从二楼的窗户看出来，这些美景给他带来多少创作灵感

25

26

27

28

29
30
31
32
33
34
35
36

敝帚尚自珍　何况是珠宝
——以韩国昌德宫的后苑说开去

撰文／林小峰

上图　昌德宫后苑中的景观
图1　古代昌德宫的鸟瞰图
图2　昌德宫宫殿区

怀着韩剧美好印象去过韩国旅游的游客，真正到达韩国后的心理落差显而易见：城市面貌不仅比不上北京与上海这样一线大城市，就是与我们一些二线城市比较，都市感觉也不尽人意；影视中的俊男美女、豪宅香车也仿佛一瞬间人间蒸发，难觅踪迹；特别是皇宫及皇家花园方面，相当于我们北京故宫地位的景福宫，其简单朴素到连一向霸气外露的韩国人自己都底气不足，只能在标识牌上遮遮掩掩、羞羞答答、含含糊糊地说他们的先祖追求简朴来弥补颜面，这些被见过大场面的中国游客、特别是北方游客无情奚落。但是参观了首尔一座古典园林后，却发现表面看到的不能完全反映实质情况，至少别人是尊重自己的文化与价值的，而这就值得我们学习与借鉴。

当时在首尔遍寻古典园林不得，一位会说中国话的韩国朋友在得知我们是园林专业的后，立马一改温文尔雅的风度，非常激动地高声说：你们来巧了，我们昌德宫的后苑许多年没有开放了，那可是联合国世界文化遗产呀，才开放，一定要去看。我们于是兴冲冲赶去，先花了3000韩币买了门票，进入了这个在韩国地位相当于我们颐和园的宫殿。

昌德宫还真是在韩国历史上有一定地位，其又名东阙，是朝鲜王朝时期五大宫之一，也是朝鲜王宫里保存得最完整的一座宫殿。始建于1405年，后经多次重建，最大时有宫殿建筑230多间，现存建筑13座60余间，包括敦化门、仁政殿、大造殿、后苑等。昌德宫原本是朝鲜国王的离宫，朝鲜王朝后期则代替景福宫长期作为正宫使用。昌德宫的殿阁完全按照自然地形设计而成，是朝鲜王宫中最具自然风貌的宫殿，深受各代王室喜爱。1997年被联合国教科文组织列入世界文化遗产。

1

2

整个昌德宫占地面积40.5公顷，其中后苑占地达30公顷。后苑是昌德宫的后花园，始建于1406年，至1463年完成，分为后园、北园、北苑、禁苑四部分。苑中修有多座亭阁，并曾建有祭祀明神宗、明太祖和明思宗的大报坛（皇坛）。后苑是朝鲜国王和王妃的私密游所，即使是高官，如果不经朝鲜国王同意都不可入内。后苑因此也被称为“禁苑”或“内苑”。今天的韩国人多称其为“秘苑”，不过“后苑”仍是最常用的名称。

联合国教科文组织世界遗产委员会对昌德宫的评价：“公元15世纪早期，太宗皇帝下令在吉祥之地再修建一座新的宫殿，于是成立了修建宫殿的队伍来执行这项命令，新的宫殿占地58公顷，内有处理政务的宫殿和皇族的寝宫，整个宫殿完美地适应了当地的崎岖地形，与四周的自然环境和谐地融为一体，成为远东地区宫殿建筑设计的典范之作。”

我们对与景福宫一样档次的宫殿兴趣不大，怀揣教科文组织的评价直奔后苑。又买了5000韩币的一张小门票，却发现，买好门票也进不去，需要排队等候。原来后苑是有限制开放的，每年3月至10月开放时间为09:15～17:15（每30分钟入场一次），11月至翌年2月开放时间为09:00～16:00（每隔1小时入场一次），周一休息不开放。每天共开放16场，其中大部分是韩语专场，英语2场，日语4场，汉语1场。每场根据观察约50人，且需由导游陪同，不得单独参观。

中外宾客在烈日下苦等约半个小时，总算一位身穿韩国传统服饰的男士作为导游，带大家进入这个仿佛充满神秘与珍贵气息的皇家后花园。几十个人每个人都凝神静气，在几十公顷的树林中徜徉，没有大陆旅游点导游高音喇叭的嘶吼、小商贩的叫卖声，外界的喧嚣一下子被隔绝，只有不带任何扩音器导游的讲解，他应该是相关专业人士，非常细心与专注，也对本民族的文化极端自豪。其实，就后苑的景色来说，通过附上的照片可以判断，气魄无法与我们的皇家园林颐和园、北海、避暑山庄比肩，精美无法与我们私家苏州、杭州、扬州园林并论，而且，既有的造园成就也是来自中国的影响，这点通过匾额楹联中的汉字是显而易见。但无疑，每个游客对后苑的游览过程印象深刻，觉得非常难得，游览经历与记忆也很美好，至少有了我们现在喜欢讲的“高端、大气、上档次”的体验。

图3 采用中国传统框景的做法
图4 汉字的楹联
图5 外观酷似中国北方的亭子

后苑的有限开放形式值得我们深思与反思：现在许多园林向公众免费开放，并且是作为为百姓办实事的政绩。但是否所有园林、是否所有时间段都无条件开放值得斟酌。看看所有景区，例如故宫的游客量就知道了，即使收费，但只要节假日，便人山人海、摩肩接踵，耳中是噪声、眼中是人头与垃圾，好端端的一个个世界级景点毫无品质可言。免费真的对公园本身与游客游览效果好吗？只要你现在去全国各地的公园，不难发现各种现象：花草公物被损，草坪被各种体育活动大量占据，广场被跳舞、唱歌团队分割，喧闹不已，由于中国巨大的游人量，公园内难觅净土。管理者也苦不堪言且一筹莫展，要管理没有执法权，只能劝阻，需要公安、城管、环保、街道齐抓共管，谈何容易！

是应该重新梳理我们对公园开放的思路的时候了。园林是人工与自然的结晶，是值得人珍惜与爱护的，不能只从旅游价值简单开发，不能以基础设施配置为理由而无条件、完全开放。

园林必须根据功能性质分类分级，一般公园继续免费开放，做好对游客服务，且不能因为免费的原因降低档次。但文物保护单位、古典园林、名人故居、动物园、植物园等专类园一定不能免费，且收费也不是以营利为目的全天候、无条件放开，要控制人流与游客总量，留下公园调养生息的时间和空间。全国政协常委、上海复旦大学导师葛剑雄曾提议，优秀的园林，应该视其为文物、文化遗产，恢复其园林的功能。对一些世界级、国家级的名园，要以保护为主，严格限制参观人数，实行高票价预约参观，专业人士特约参观。这和韩国做法异曲同工。

我们要学习韩国人那样珍爱自己的园林。像上海复兴公园这样全国唯一的法式园

图6 后苑的映花堂

图7 后苑的景观是自然与人工的结合

图8 后苑内韩国唯一的扇亭

图9 后苑的一草一木皆被非常精心地养护

图10 门后的宇合楼是王室做重大规划的商议之地

林，出于对市民健身和娱乐需求的呼声而免费开放了，游客数量远超接待能力，园容园貌与法式的经典雅致南辕北辙。这应该予以逐步纠偏，但现阶段已经聚集大量晨练游客无法一下子改变，可以采取先开放早上时间，逐步回收。一棵百年老树就是文物，有专门的古树保护条例保护，一座已经有105年历史的园林反而沦为一般性公园天天免费开放，无论如何说不过去。

配套措施要跟上，现在的公园无论是否免费，都需要全社会的呵护。从指导思想、从政策法规、从资金保障、从人才建设、从游客参与等等，决不是免费开放、一放了之那么简单。当前，首先要明确园林提供的服务，应该是美好安宁的环境，健身、文化活动当然可以，但不能影响他人，而且，健身的主场地应该是体育场，跳舞唱歌应该是文化场所，如果这些场所收费，应该对大众活动有序免费才是。现在开放的公园景区实际与马路无异，安保、保洁、设施仅靠公园力量无法应付，政府必须托底。

相比韩国的敝帚自珍，中国真是地大物博，好东西星罗棋布，不胜枚举，但这只能是我们热爱的理由，而不是放任怠慢的借口。学习了一句话，许多东西，你自己当宝贝了，别人才会珍惜。用到园林上，同理可证。

图11 池中人工岛，隐约有一池三山意味
图12 后苑内主要是树林
图13 后苑的风景集中处
图14 虽是皇家园林，与中国比富贵气却很少
图15 书苑大门
图16 园林建筑规格不大
图17 叠石理水手法已经很熟练
图18 玉流川景点，在此饮酒作诗，像曲水流觞
图19 园林建筑多数是隐、是藏
图20 书苑内场景

11

12

13

14

15

16

17

18

19

20

走近南非开普敦克斯滕伯斯国家植物园

撰文／吴方林

作者介绍

吴方林 曾任中国花卉报社高级记者，副总编辑。退休后被财迅传媒旗下《美好家园》杂志聘为园艺版顾问

上图 绵延无尽花的海洋

图1 多肉植物组合盆景

南非开普敦克斯滕伯斯国家植物园是世界上最好的七个植物园之一，它与英国丘园、美国纽约植物园、美国密苏里植物园、澳大利亚皇家植物园、俄罗斯圣彼得堡植物园、苏格兰爱丁堡植物园齐名。

这座世界著名的植物园曾是开普殖民地总督塞西尔·罗德斯的私人财产。他于1895年得到这块土地并立下遗嘱，在他去世后将植物园作为个人遗产捐赠给国家。1902年他去世后，这个公园被作为国家公园对公众开放。为了纪念南非历史上的这位著名人物，人们在开普敦大学的后山上专门修建了罗德斯纪念碑。

应该说，这座国家植物园也是非洲最美丽的花园之一。南非第一位黑人总统曼德拉曾评价她是“南非人民献给地球的礼物”。2004年，开普敦国家植物园被联合国教科文组织列为世界自然遗产。这也是第一个被列入世界非物质文化遗产名单的植物园。

开普敦克斯滕伯斯国家植物园位于南非开普敦桌山东麓，园内风景美丽，植物具有多样性。国家植物园建立于1913年，建造初衷是为了对南部非洲的植物进行研究，并宣传和保护南非丰富独特的植物资源。所以园内均为南非本土植物。植物园占地528公顷，生长着高山硬叶灌木群落和天然森林。栽培开放区只有36公顷。作为世界六大植物区系之一的开普植物区，面积虽然不大，只占地表的0.04%，却拥有丰富植物种类。园内收集的该植物区的植物品种十分丰富，约有一万种，占全国植物种类的40%，95%以上都是本地野生品种。园内还有4500种原属地植物，特别是来自南非冬季降雨区域的植物。其中2600种为开普半岛所特有。这也是开普敦国家植物园最大的特色，因此它成为世界各地植物工作者如痴向往的地方。

开普敦属地中海型气候，冬湿夏干，因此在此生长的多半是冬雨性植物，包括杜鹃花科、宫人草、龙舌兰等。夏雨性植物本来栽植较少，但自从1930年桌山山坡修筑储水库后，夏季干旱问题获得解决，夏雨性的帝王花、山玫瑰、红兰、海棠花、雏菊等，都可以应时盛开，美不胜收。由于花卉的季节性很明显，植物园里的景观和色彩，随着春夏秋冬的季相而各有特色，千变万化，绝无重复。

南非的园林艺术在世界上享有盛誉，园艺工人将天然景观与人工种植巧妙地结合起来，可令游人有一种虽身处人工园林却浑然不知的感觉。植物园靠山望海，地理位置得天独厚，加上园林设计者的精心规划，游人漫步其间既可欣赏到高山大海、蓝天绿地的广袤之美，又能感受到小桥流水、曲径通幽的人工之妙。

植物园内终年开花不断，美不胜收，特别是春季（9、10月），可以看到花海覆盖绵延无尽的奇景。徜徉在植物园，看到眼前大片的草坪与远处的山脉相呼应，山鸡在草坪上悠然自得、闲庭信步，全然无视在周围走动并不停地为它们拍照的人。在这里，可以真切地感受到大自然中的植物世界是如此美妙、如此奇绝，人与自然又是如此和谐与融洽。

在帝王花正盛开的南非国花帝王花花园，我们再一次受到震撼！帝王花（*Protea cynaroides*）又名菩提花，也叫帝王山龙眼，盛产于南非开普地区的南部和西南部。1975年，南非政府正式宣布把帝王花定为国花。因为它是南非的国花，因此在南非各地都能找到它的踪迹。目前在植物园内的帝王花品种已超过350种，花期从5月一直到12月，一朵花能开放几个星期之久。花球直径至少10厘米，甚至可以达到30厘米。花朵颜色多变，白色清丽淡雅，粉红色娇媚动人，紫红色富丽华贵。其中花瓣是淡玫瑰色的帝王花，中心部分闪烁着银色光泽，因此被南非人认为是同类中最美丽的花朵。这种色彩斑斓的帝王花也是广受欢迎的出口产品。

位于植物园入口处的南非植物学会展览温室，建于1996年，总耗资550万兰特，是南非唯一的展览温室，由一个主展厅和4个80平方米的小室组成。温室内按南非各地气候分为8个区，完全按地区方位布置，每个展区的表土和点缀的岩石都采自该地区，因而完全展现当地的真实风貌。温室中央长着一棵巨大的猴面包树，温室内还有其他许多珍稀植物。主展厅主要展出采自南部非洲的球茎植物、肉质植物（如仙人掌）等耐旱型植物以及少量珍稀物种，如远古时期的蕨类植物等。小室分布在主展示室周围四角的二层楼上，以四位主要捐资者的名字命名，分别展示高山植物、蕨类植物、生石花及球根植物。

在植物园里，有生长在西开普低地的特有植物，有南部非洲的旱地植物，还有生长在悬崖峭壁、雪山顶峰的耐寒植物。游人在

图2　丰富多彩的植物品种

图3　非洲特有的多肉植物

园中还可见到目前世界上仅生长在中国和日本、被称作“活化石”的银杏树。园内根据植物的不同特点和类型建造了几个主题花园，如节水型植物花园、实用型植物花园、药用植物园、芳香植物园和南非国花花园等等。

药用植物园栽培了南非各民族应用的药用植物，尤其是一些传统用药，也包括一些可食用的或香料作物。当地一种著名的植物*Aspalathus linearis*在这里也有栽培，它原产于南非西开普的山区，其针叶烘制而成的博士茶是南非三宝之一。

节水型植物花园的设计则是以节水意识为理念，从栽培措施和植物利用水分的差异性来创造一个四季色彩丰富、植物生长茂盛的小空间。并通过各种宣传手法来体现植物节水的特性。

芳香植物园是以芳香植物为特色，该园内种植床都齐腰高，以方便游客与植物的近距离接触，很多标牌还配有盲文，方便视力障碍的人群欣赏。园内还有专为盲人设计的“盲文小道”和“香味植物花园”，使盲人也能与正常人一样感受大自然。

另外，开普敦国家植物园内有大量的非洲多肉植物，成片地开着花，甚为壮观。植物园内有一个玻璃温室，里面培育着大量非洲特有的多肉植物，包括仙人掌类植物以及球根类植物。相对国内而言，这里的多肉植物，像是放大版的旧相识，格外粗壮。

图4 山鸡在草坪上闲庭信步
图5 风景美丽的植物园园貌

图6 帝王花

图7 帝王花

图8 帝王花

图9 帝王花

图10 帝王花

独特的韵味

我们常常抱怨中国的跨越式发展带来的“千城一面”“千园一面”：一样的CBD、一样的的水泥森林、甚至水泥森林的品牌都高度一致，公园的植物也是雷同到泛善可陈，那份重复与枯燥让人愈发焦虑。体会古镇提沃利的意大利风情，新西兰罗托鲁瓦的质朴，新加坡城市与自然的和谐，个性、风情应该是脱颖而出的规律。

意式浓情　回味绵长

——意大利古镇提沃利掠影

撰文 / 林小峰

上图 依山傍水的小镇灵秀至极

提沃利（Tivoli）小镇在罗马以东36千米，坐落在亚平宁山脚下，东临卡蒂洛山，南对里波利岭，西向罗马东郊乡村。这里依山就河，气候宜人。早在公元前2世纪的罗马共和国末期，提沃利便成为罗马人避暑闲居的地方，这里先后建立了庙宇、圣所、别墅。许多皇帝如图拉真、哈德良等，以及不少政治家、诗人和高级将领都在此建过别墅。到1816年，提沃利被并入教皇国，1871年才正式成为意大利王国的一部分。第二次世界大战期间，提沃利遭到过22次轰炸，受到了严重破坏，后来人们对这里进行了修复。

提沃利物产丰富。据记载，从16世纪中期开始，这里便种植葡萄，所产的葡萄串长粒大、色美味甜、品种繁多。每当葡萄成熟的时候，城里城外，到处都有葡萄市场。每年9月的最后一个星期天，这里都要举行一年一度的葡萄节，节日期间大街小巷摆满了色泽鲜亮、品种多样的葡萄，人们像赶庙会似的来来往往，全城充满欢乐气氛。提沃利还是意大利主要的采石场。意大利素有石头王国之称，无论产量、质量、进出口额都长期居世界首位，罗马斗兽场、博格森城堡等等所采用的石材都来自这里，可以说提沃利是生产世界最美丽石材的地方。

古镇至今仍保留着众多别墅、花园等，其中最有名的是埃斯特别墅跟哈德良别墅，它们都是于1999年被评为世界文化遗产的，闻名遐迩。一般游客也是游玩完以上两个景点就随即离开了，恰恰忽视了这个有着近3000多年历史的古镇。小镇自身的风情非常值得一看。

提沃利小镇不大，估计全部走马观灯看一遍，一个多小时即可，目前常驻人口不到5万。也许正因为不是旅游热点，反而保存了原汁原味的意大利小镇风情。古镇有以下特点。

1. 依山就势

古镇坐落于山腰与山脚，自然形成垂直高差，山泉形成数条自然瀑布，如白练般在绿毯上交织，十分壮观。同时，建筑也随形就势，没有一条马路是直角的。这样竖曲线与平曲线都在变化，使得小镇比较灵动内秀。

图1 古镇古堡

图2 老墙和新的手工作坊是绝配

图3 绿色植物使得3000年的小镇生机勃勃

2. 古色古香

古镇建筑非常密集，可以用林林总总、密密麻麻形容。但是色彩相对统一，基本是灰白、明黄、暗棕、红棕等相似色，这些也是意大利传统建筑的代表色。再有就是建筑的总高与楼层高度都有控制，增加了整体性。从小镇的雕塑、栏杆、喷泉到花卉都不是张扬醒目的风格，而是细腻生动，质朴自然，值得细细玩味。

3. 人文特色

地形、建筑都是景致的硬件，人是最活跃的风景。当地居民的生活方式是活色生香的风情：节奏舒缓，民风淳朴。在露天的当地集市上，大家展示自己的手工作品，能否出售好像无关紧要，大家见面交流反而是重中之重。当然，意大利的设计制作水平在这样乡下小镇中也有淋漓尽致的体现：东西不多，但件件有趣有味。街头的餐厅，特别适合忙忙碌碌的都市人定定心，安安静静地品味意大利的正宗美食，回味这个提沃利小镇数千年的历史。

反思我们中国的古镇，在保护、开发、管理上会有些偏差：稍稍有些名气的古镇，都以旅游盈利为出发点和落脚点，被大巴拉来的外地游客塞得摩肩接踵，往往忽视古镇整体定位是古朴、风格是当地特色、风情是本地居民这样的重点。如同本来是个天然去雕琢的村姑，非要被打扮成浓妆艳抹的都市女郎，怎么看都别扭。过度的开发和商业运作使得大江南北、各具特色的古镇也变得“千镇一面”了，好比都市女郎千人一面般的柳眉红唇。这就造成开发小镇变成了建设性破坏了，与保护再利用的宗旨背道而驰了。

相比意大利的比萨、锡耶纳、五渔村等文明世界的旅游小镇，提沃利名气并不响亮，她拥有的埃斯特别墅跟哈德良别墅的知名度与影响力也远远超过小镇本身，但古镇提沃利更加有意大利独特的味道，值得人回味再三。

TIVOLI A
S.FRANCESCO

图4　光影使得石台阶非常生动
图5　街头人物纪念雕塑
图6　建筑拐角上的宗教装饰，非常精细
图7　桥、水、镇的和谐关系
图8　虽然小镇的建筑密集，但色彩协调，高度统一，所以整体感强烈
图9　生活的气息
图10　素颜的墙面非常有感觉
图11　提沃利远眺，青山环抱，依山就势
图12　小镇传统手工匠心独运，精美异常

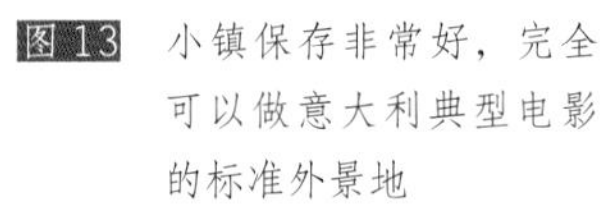

图13 小镇保存非常好，完全可以做意大利典型电影的标准外景地

图14 鲜花使得老旧建筑焕发生机

图15 小镇的古迹

图16 小集市上当地居民的小饰品传统中透出时尚

图17 小镇的年轻人悠哉游哉

图18 许多建筑非常陈旧，带来历史感

图19 阳台的细节

图20 成色较新的镇上重要公共建筑，看来经常翻修

图21 意大利建筑的典型用色

图22 一些建筑是残垣断壁了，就这样保留着，也有味道

图23 在古宅里面的餐厅，吸引着老客户

图24 这家是翻新过的，但总体风格还是意大利式

18

19

20

21

22

23

24

自然大美　质朴静享
——新西兰罗托鲁瓦景观欣赏

撰文 / 杨毅强

作者介绍

杨毅强　高级工程师，先后任南京中山园林设计院院长、南京中山园林建设（集团）有限公司总工程师

上图　成片的牧场草地如地毯般覆盖在起伏的大地上

图1　黑天鹅在罗托鲁瓦湖自由觅食

图2　游客服务用房木屋的色彩鲜艳而协调

“面朝大海，春暖花开”是许多人的梦想，人们总希望生活在美好的、充满诗意的环境中。正如诗歌有慷慨激昂，也有清新婉约等不同风格，自然环境有大海沙滩、崇山峻岭、瀑布大川、茂密森林、开阔草原、绚烂花境诸多面容，每一景都可绘成美丽的画，都可吟出动听的歌，只看你用怎样的眼光、怎样的心境。大自然是慷慨的，赐予人们温暖的阳光、清新的空气、清澈的湖泊、丰富的植被，只要珍惜，我们的生活环境一定是美丽的。罗托鲁瓦的市民是幸运的，自然的恩赐将诸多要素集于一处，铺陈在新西兰的大地上。

一、罗托鲁瓦的自然景观

进入罗托鲁瓦市域，第一景观是蓝天白云下满眼的绿。公路边，绿色的牧场草地延伸向远方森林脚下，牛羊悠闲地吃草踱步；有些农场，成片的果园布满山头、山谷。罗托鲁瓦人口不到6万，面积有2700平方千米，发达的畜牧业，造就了城外成片的牧场，草场如地毯般覆盖在起伏的大地上。罗托鲁瓦市郊，还拥有巨大的森林资源，新西兰林业研究所就在此地，生产的木材占全国产量的一半。人造林就有30万英亩（约12.14万公顷），还有整片的原生林。加利福尼亚松挺拔、浓郁的身姿屹立在蓝天白云下。整天在钢筋混凝土构成的城市生活的游人们，呼吸着如此新鲜的空气，看到这样满眼的绿色，那是怎样的冲击，仿佛到了童话世界一般。

罗托鲁瓦市，另一个重要景观是清澈的湖水。城市周围有大小11个火山湖，面积大的有陶波湖和罗托鲁瓦湖，“罗托鲁瓦”在毛利语是“双湖”的意思，城市的名字大概由此得来。紧邻城市的罗托鲁瓦湖面积23平方千米，大约有4个西湖的面积。湖水碧波荡漾，鸥鸟翔空，天鹅戏水。湖畔的开放空间，不做复杂的地形和植物，疏林草地为游人提供最佳的赏景点。如茵草地上，人们享受着和煦的阳光，喂着海鸥，欣赏着湖光山色。湖边道路用红色陶土砖铺装，色彩鲜明而质朴。游客服务用房是一层的木屋，木板外墙全部用白色油漆，屋面是蓝灰色波形瓦。木屋体量不大，根据功能不同，组团式散布在草地与林地边，室外地面一如湖边道路铺设红色陶土砖，户外咖啡座让游人享受湖边悠闲的生活。

相对于“静”景，罗托鲁瓦还有极富特色的“动”景——火山地热喷泉。罗托鲁瓦被喻为“火山上的城市”，1917年火山爆发，曾经毁坏过一些旅游设施。在地热保护区内，人们修建了度假宾馆、观景平台、林间栈道，栏杆和栈道材料取自当地松木，地面用黑色火山灰夯实碾压成小路平台，质朴而和谐。这里可以看到沸腾的潭水和硅石阶地。还有众多的间歇喷泉，有的每天喷发20多次，高度通常20米，最高可达30米。在黑色火山灰和墨绿色松树林的衬托下，白色的喷泉和腾空的雾气更加耀眼，展现罗托鲁瓦活泼、热烈的一面。

二、罗托鲁瓦的人文景观

1. 粗犷的毛利文化景观

罗托鲁瓦是新西兰毛利族聚居地，富有特色的毛利文化影响着城市景观。正如毛利族舞蹈粗犷、热烈、震撼人心，富有民族特色的景观，材料质朴，加工手法传统，颜色鲜明，具有强烈视觉冲击力。

独特的毛利雕刻，在街道指路牌、建筑装饰柱、墙面装饰上常常看到，夸张的造型、明快的刀法、鲜艳的颜色让人印象深刻。毛利文化村更是集中展示毛利文化的最佳场所。毛利村寨内，部落成员们在雕刻华丽的会堂聚会，商议重大问题。林间的居住小屋、神龛也是取当地木材建造，居住屋门楣、屋脊重要位置有鲜艳的木雕装饰，神龛的雕刻部件更多，通体鲜红，突出其在部落生活的重要性。

应用现代钢材玻璃建造的毛利文化展示馆，入口门楣、立柱用木雕突出民族特色，屋顶的木梁上也用彩绘图案装饰，风格统一而强烈。就是吊在大树上的冲凉水槽，也雕刻着图腾，就地取来的木板、木棍、棕绳真正符合生态环保的理念。村寨、展示馆前的

图3 清澈辽阔的罗托鲁瓦湖，人与欧鸟共享安宁美丽

图4 湖边开放空间如茵草地平坦开阔，游人席地而坐，享受温暖阳光

图5 成片的果园布满山头、山谷

图6 穿行在林间栈道上观赏地热喷泉

3

4

5

6

7

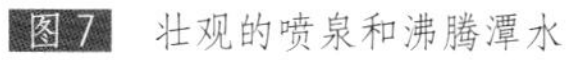

图7 壮观的喷泉和沸腾潭水

图8 独特的毛利风格木雕装饰

图9 朴素的木雕指路牌

图10 集中展示毛利文化的村寨

图11 雕刻华丽的会堂内墙面

图12 毛利族人用松木棕榈叶建造的小屋

图13 雕刻繁复华贵的神龛

图14 全环保材料制作的冲凉蓄水槽

图15 现代材料博物馆顶面毛利风格的彩绘

图16 现代建筑赋予鲜明的毛利文化元素

图17 市政花园空间尺度优美的纪念雕塑

图18 雕刻繁复华贵的神龛

图19 市政花园英伦风格的建筑、开阔草地和门球场

图20 市政花园丰富自然的植物、整齐精细的绿篱草坪相得益彰

图21 商店门前露天休息区绿化环绕，尺度宜人，安全舒适

人群集散广场及外围人行道，用灰色面包砖铺装，朴实而衬托毛利木雕鲜艳的颜色。

2. 精细的公园景观

罗托鲁瓦市政公园展现了有别于粗犷毛利风格的精致景观，公园中主体建筑是英国都铎风格。纪念雕塑和公园规划诉说着欧洲文化在当地的生成经历。

市政公园面积约50英亩（约20.23公顷），19世纪末，毛利人将这块灌木丛生的土地赠送市政府，政府清理了灌木，依照英国自然式园林建造城市公园，利用地热修建了大型精品浴所。公园面积不大，但空间疏朗，草地管理水平之高，令人惊叹。草地平整度很高，修剪高度统一细腻，颜色也绿茵如一，围合雕塑及路边的矮绿篱修剪得方整规则。长方形的门球场镶嵌在草坪上，边角、台阶处理得整齐划一。四周的密林，植物品种丰富，林冠线优美。公园中保留着100多年前的日本冷杉和加州红杉。

三、质朴的街道景观

罗托鲁瓦建筑多为两层，建筑密度低，街道尺度适合慢行生活。国内有城市以此为蓝本开发居住区，是对罗托鲁瓦宜居生活环境的肯定与向往。

罗托鲁瓦的街道景观有以下几个特点。

1. 以人为本的功能性

由于人口少车辆少，街道车行道不宽，车道边有停车位方便驾车人就近停车去商铺购物消费。为防强烈的日照，沿街商店都有大挑檐或悬挑的雨棚，顾客可以从容步行。人行道外侧没有停车位的空间，设置露天休息区，放上城市家具供人休息，休息区外侧布置绿化，围合安全空间且美化街道景观。人行道的无障碍系统健全合理，穿越绿岛的小坡道保证了轮椅、婴儿车顺畅的通行。

2. 材料朴素但施工精细

车行道为黑色沥青，人行道为陶土砖，路牙是和陶土砖同色的混凝土，没有用花岗岩等石材。但铺设施工工艺精细，平整度高，缝隙紧密，边角切割细致。陶土砖坡道的过渡、连接处折线清晰整齐，仿佛完整的工艺品。联想起悉尼海湾公园里一段十米长的石挡墙，六七个技术工人“缓慢”地施工，和国内施工的速度对比强烈。但只有合理的造价、工期及高标准的技术要求才能做出园林精品，这是不争的事实。

3. 植物配置的自然性和地域性

街道没有种植规则行道树，而是根据停车位及人行道休息区的绿地空间种植高大乔木，起遮阴美化作用。路口绿地及中分带小绿地中，为不遮挡司机视线，种植低矮灌木，选择适合当地生长的地被、草花，尤其几丛芒草，金黄的细叶仿佛空气中吹来草原的暖风。

4. 色彩的鲜明

街道景观元素都选用饱和度较高的颜色。车行道为黑色的沥青路面；人行道大面积是砖红色，有些黄色、灰色勾勒图案；建筑墙面多为白色，屋面为红色或蓝灰色；植物翠绿、深绿、黄绿点缀在街景里。明亮的天空下，蓝、白、黑、红、绿、黄，鲜艳而明亮的颜色扑入眼球，对在雾霾中生活的人们多么有吸引力啊。

罗托鲁瓦是座安静清新的小城，没有高大的现代化建筑景观，没有尺度巨大的仪式广场，却在上天的眷顾下，集中了最可贵的自然元素：水晶般的蓝天、天然湖泊、森林草原、地热资源、悠久独特的传统文化，构成罗托鲁瓦朴实、自然、纯净的景观特色。在如此可贵的景观元素基础上，只需很少的人工参与，便可打造优秀的城市景观。罗托鲁瓦的城市人行道、旅游集散广场用陶土砖铺装，花箱、栈道、栏杆、指路牌用此地盛产的木材，虽然是朴素的材料，但是用于不同环境时，不同的色彩、尺度、质地，是经过设计推敲的，施工要求也很高，这是一种对自然尊重和敬畏的态度，也是一个巧妙与自然共生的方法。中国先哲说“大象无形，大美不言”，面对如此大美的自然景观，何须刻意造作。反思国内城市建设速度之快、规模之大，使许多大美的自然生态环境在短期经济指标的大棒下被无情破坏，而要恢复起来，却要花上几代人的努力和时间。他山之石，可以攻玉，罗托鲁瓦的园林景观、简洁的设计手法、朴素的材料选择、精细的施工、严格的园林养护管理，都值得我们借鉴。

从“花园城市”到“城市花园”
——借鉴新加坡看城市生活和自然生态的融合

撰文／王永文

作者介绍
王永文　上海市绿化市容局研究室主任，上海市生态文化协会副秘书长

新加坡到处绿树成荫，草坪遍地，公园众多，是国际著名的"花园城市"，描写新加坡绿化的文章可谓汗牛充栋。然而，从纵向而不仅仅从横向看新加坡园林绿化发展的脉络，对上海跨越式发展更具有借鉴意义。

一、新加坡园林绿化建设的变迁特点

新加坡政府对城市绿化高度重视，经过20世纪起步的60年代（提出绿化新加坡，成立“花园城市行动委员会”和国家公园局，大力增绿建园），尝试的70年代（引种花卉观赏植物，发展立体绿化，提升园艺水平），成长的80年代(强化科学养护，引种香花果树，增加自然形态)，迈进的90年代（注重品质效益，建造串连网络，激发公众参与），到21世纪提升的新10年代（建设世界级公园，丰富生物多样性，优化绿色空间），在近50年绿化发展取得了丰硕成果。其发展大致体现了4个特点。第一，在绿化目标上：功能型（降低城市对自然的破坏）—景观型（建设美观整洁的城市风景）—享用型（打造以自然为基础的生活方式）。第二，在实施手段上：政策推动（植树活动）—法制建设（树木保护法令）—引导人们自动参与（走进自然）。第三，在政府管理上：政府包揽（规划管理养护）—购买服务（承包商制度）—推销服务（走向世界）。第四，在项目选择上：全新开发（植树）—丰富类型（引种其他树木、增加游乐设施）—利用现有资源（开发自然保护区、优化利用排水道等）。

二、从“花园城市”到“城市花园”的理念更新

可见，经过多年的实践，新加坡对于城市绿化的理念正在悄然发生着转变。正如新加坡政府自己所认识到的，他们的城市建设使命应该从营造花园城市的景象（花园城市），转变到创造一个镶嵌在花园中的城市（城市花园），这个花园必须建立在无缝连接的绿色公园和街景之上，成为人们生活、居家、工作、休闲的基本构件，政府则要通过行动，激发企业和社会对自然的爱，在这个花园中创造基于绿色的休闲体验和生活方式。

园林绿化不仅仅是呈现在人们眼中的阳春白雪，更应是基于园林绿化的文化命脉

上图　新加坡后象

和生态文明的共享共建，以其独特的感染力、渗透力、辐射力、艺术力，根植于人们心中，渗入到人们血液，融入进人们精神。其核心是：城市园林绿化不限于“看”，更要突出“用”，即随时用绿化生态来调节环境、调节人的情绪、调节人的生活，可以说，城市园林绿化没有利益攸关者的参与，城市园林绿化就没有生命力。

三、“城市花园”建设的几个关注点

同时比较新加坡和上海，建设“城市花园”，要大尺度研究系统化，大范围落实开放性，大手笔提升艺术力，围绕“覆盖、联通、延伸、融合”4个方面重点推进。

1．覆盖—加强后象治理

新加坡在整体规划中，对商业区、工业区、居民区、道路等都有明确的绿化要求，因此，绝大多数新开发地区，城市绿化工作做得相当到位。然而，对于一些保留区，却不尽然，特别是保留区那些老式房屋的背面也存在脏乱差的情况，长期未得到足够重视和有效治理。幸运的是，他们意识到了这个问题，提出“后象治理”措施，出资改造这些地方，增加植被，建设休闲设施，委托社会维护，使原来的死角逐步变成休憩的好场所，勾勒出另一道风景线。

上海在这方面也有一定尝试，比如徐汇区开展的背街小巷治理，杨浦区开展的一街一景。

图1　新加坡后象治理绿化
图2　新加坡后象治理绿化
图3　新加坡街头
图4　新加坡街头

图5 上海平凉街道兰州路
图6 上海平凉街道兰州路
图7 上海桃江路
图8 上海四平街道苏家屯路
图9 上海二大会址

图10 新加坡绿色廊道

图11 新加坡绿色廊道

图12 上海人民公园

图13 上海延安路马勒别墅前绿化景观

图14 上海华山绿地

2．联通——建设公园廊道

新加坡实施公园串联廊道计划，建设约300千米的“绿色廊道”，将所有的公园、自然保护区、居住地连成一体。市民不需要经过公共交通或水道，就可以步行或踩着脚踏车，从一处绿地到另一处绿地。该计划一举多得，不仅可利于键身，方便人们进入公园，也为住宅区到达地铁站、公交站和学校提供了捷径，更是将排水沟、海滩、人行道等转变为绿色的廊道。

上海这些年基本实现内环线内出门500米有一块3000平方米以上的公共绿地（公园），还没有充分采取像新加坡这种解决生态系统碎片化和孤岛化的措施。

3．延伸——倡导空中花园

除了进一步优化平面绿化，新加坡正在注意空中绿化，把绿色带到建筑物顶部和内部。他们探索在组屋和多层停车库上面种植适应的草木。既美化了环境，又使周边的空气和屋顶温度得到了降低，减少了玻璃反射到屋顶而产生的光污染。一些私人开发商也积极开拓，具有空中花园的房屋成为提高房价的一个卖点。他们还指导人们开展室内花园建设，在穿堂、阳台、墙面等建筑物的局部加强绿化，来提高花园城市的意象和生活品质，并降低室内温度，创造舒适的生活环境，提高建筑物的美感和价值。

4．融入——引导走进自然

为了培养绿色环保文化，新加坡注重引导人们贴近自然。比如，开发开放中央集水区和双溪布洛湿地等。围绕麦里芝水库，在林荫小道中跑步或走路成为很多新家坡人的生活方式和生活时尚。而在东海岸边湖面上开发的自动拖曳滑水等活动成为人们、特别是青少年的新宠。在社区开展的锦簇社区比赛等活动，把人们带到美化家园的兴趣之中。

上海已经形成《郊野公园概念规划》，选取5个郊野公园作为近期建设试点，总面积约103平方千米。如展现“梦里青西，水漾湿地”的青浦青西郊野公园；展现“七彩松南，浦江林带”的松江松南郊野公园等；以及闵行浦江郊野公园、崇明长兴岛郊野公园、嘉定嘉北郊野公园等。未来，上海郊区将布局建设21处郊野公园，总面积约400平方千米，逐步形成与城市发展相适应的大都市游憩空间格局，成为市民休闲游乐的“好去处”和“后花园”。

园林绿化涉及内容宽泛而专业，我们必须尊重自然、顺应自然、保护自然，同时让人们亲近自然、享受自然、融入自然，才能最终回到人和自然和谐相处的本原。

图15 新加坡商场庭院绿化

图16 新加坡人行天桥立体绿化

15

16

图17 新加坡麦立芝水库
图18 新加坡麦立芝水库
图19 上海青溪水杉
图20 新加坡湿地

创新的规律

循规蹈矩、亦步亦趋、按部就班，不可能出彩；创新虽然可能会出格，也更可能出色。在古老的博物馆新建玻璃建筑、在晨钟暮鼓的寺庙建筑中推陈出新、在传统的花卉售卖业中开创新模式，设计、营造、经营都可以创新。

没有经过招投标的设计精品
——贝聿铭的柏林历史博物馆新馆

撰文 / 林小峰

上图 从老博物馆通向新博物馆的庭院上空采用与新馆一样的玻璃结构，起到交融作用

政府大项目不经过招标直接委托?

在中国，绝对不行，在德国更不行！按德国建筑师协会的规定，凡公共建筑的设计委托必须通过竞标方式甄选建筑师。

“东西德国”统一后，新首都柏林城市建设如火如荼。这个以严谨细致出名的国度，建筑师灿若星辰，历史上著名的建筑师，如卡尔·弗罗德利希·辛克尔、格奥尔格·文采斯劳斯·克诺伯斯多夫、卡尔·戈特哈德·朗汉斯、瓦尔特、格罗皮乌斯等给柏林留下了傲视群雄的建筑作品；国内外当代的著名建筑师又先后在柏林大显身手，如英国的福斯特爵士、德国的里伯斯金德等。所以在柏林城市中轴线上的标志性建筑——德国历史博览馆新馆要建设，可以想象德国、欧洲的著名设计师是如何虎视眈眈、势在必得了。但是，他们连参加的机会都没有!

这个设计被他们的时任总理科尔不经过招投标直接委托给了一个外国人——贝聿铭。贝聿铭誉满全球的名声自不待言，他在许多世界级的博物馆建筑设计中所取得的成就使德国政府因此认定，贝聿铭才是这项设计唯一合适的理想人选。但是他自60年代以来已不再参加任何项目的竞标，而且在1990年底宣布退休离开他的设计公司后，只是有选择地接受极少的项目。这是德国建筑史上第一次不经招标而由总理亲自决定委托建筑师设计的公共建筑。在法制高度发达的国家这种方式面临的质疑声甚嚣尘上、不绝于耳。

不仅仅是招投标问题，这个新馆先天不足。它与军械库相邻，是一块夹在历史老建筑物中内部的很小基地。它的周围有19世纪新古典主义派的代表人物，德国画家及建筑师卡尔·弗里德利希·辛克设计的著名的老博物馆建筑和新瓦赫建造的古典主义风格建筑以及安德列阿斯·施吕特的巴洛克风格建筑等。要建造的新馆从外面只有很少几处能看见其立面，还必须在设计中规划出许多使用面积来，这些对新馆的建造来说真是像上海话说的“螺蛳壳里做道场”。

可当贝聿铭1997年1月公开展示和介绍他的设计方案后，那些批评声和质疑声便销声匿迹了。看看严苛的当地报纸毫不吝啬的溢美之词吧。《柏林日报》评论道：“贝氏的设计填补进了军械库后面的小尺度空间，然而却形成了一个完全独立的、没有历史建筑物衬托也极具高雅的水晶体。”就这样，1997年方案公布，1998年8月奠基动工，科尔总理亲临出席。历经4年多的建设，这个耗资4700万欧元的没有经过竞标的新建筑于2003年2月28日交付使用。新馆的地下一层使用面积总共4700平方米，充分利用了建筑用地，主要的展厅也设在这里。上面的三层分设了其他几个不同大小和高度的展厅，总面积为2600平方米，可同时举办4个不同题材的展览。一个有57个座位的小报告厅，一个博物馆卖品部，储藏库和机房，多个操作间被藏到地下二层，达到了功能齐备。

整个柏林历史博物馆新馆还是充满了鲜

图1 大面积的浅色墙面非常低调，让位老馆的经典，螺旋式楼梯十分抢眼，表达新馆的独立存在

图2 从新馆看老馆，再次借景

图3 单独看新馆，现代大气，简约又有内涵

图4 德国历史博物馆老馆

5

明的贝式标签。

1. 三角形几何体

三角形几何体是贝聿铭在建筑设计中经常使用的基本形式，在他著名的建筑中都曾运用到。华盛顿国家美术馆东馆是两个构成梯形的三角形；香港的中国银行大厦是由一组排列和旋转了的三角体构成；巴黎卢浮宫主入口“金字塔”是由四个三角形在一个正方形上筑成的空间。德国历史博物馆新馆的三角形体也是整个建筑的支撑结构。

2. 光影效果

浅色的墙体地面就好似米色的宣纸，阳光好像是画家，一方面使得厅内各类建筑物构筑物形成深浅不一的以块为主的明暗肌理，又通过支撑的金属桁架在“宣纸”上留下长短不一的以线为主的现代节奏。贝聿铭“光线魔术师”的外号真是名不虚传。

3. 东方印记

这位自小在苏州狮子林长大的建筑设计师曾经说：“其实我做的并没有什么不同。那些我作为建筑而发展的形状必须同围绕它们的‘水流’相吻合。我一直是在建造我童年时代的花园。”因此他对复杂情况往往用中国园林手法“因借相宜”。贝聿铭以一个略带弧形、几乎与主体建筑等高的玻璃廊厅妥善地解决了同巴洛克建筑军械库之间距离上的冲突。这个玻璃廊厅有点像拙政园的宜两亭，玻璃墙幕既分隔开两幢建筑物，又使其相互关联。内部的建筑主体好似苏州园林的月洞门。在面对军械库老建筑的一面，他建了一面弧形的玻璃外墙，使军械库背街一面的巴洛克风格的外墙突出起来。从菩提树下大街的侧街口一眼望见这个透明、与周围建筑形成强烈对比的玻璃螺旋塔，吸引着你去观赏一番。螺旋楼梯间基座形同圆锥，运动感跃然而出。正如德国舆论所称赞的那样，这个建筑“把轻盈与博大、石质的外表和运动性的空间、自然与表现”独一无二地融为一体。

4. 细节讲究

新馆的墙面材料同它对面的古典建筑非常匹配，但同时又体现出时代的风貌。封闭建筑体的外墙以及玻璃大厅内的墙壁都以精

6

7

8

9

10

11

图5 从中可以发现许多三角形体，是贝式标签

图6 地面的光影效果

图7 建筑创造出美丽的景致

图8 楼梯流动的曲线

图9 通过支撑的金属桁架在“宣纸”上留下长短不一的以线为主的现代节奏

图10 如苏州园林的月洞门

图11 楼梯的节奏感，注意看扶手是从花岗岩中切割了镂空出来的，细节叹为观止

致磨光的法国石灰岩石作贴面。承重的楼层板都以被称作为“建筑混凝土”的一种专门加了色的混凝土材料制成。它的纹理是采用精细的俄勒冈松木板的纹理加工做出。大厅的地面是用北美洲带有玫瑰色发亮晶斑的花岗石铺成。

《法兰克福日报》写道：“被誉为空间魔术大师的贝氏在柏林成功地将新老建筑完美地结合在一起，并将一个偏僻的和不起眼的地方变成了吸引人们乐意前往的高贵之处。”

图12 厅内各类建筑物构筑物形成深浅不一的以块为主的明暗肌理

图13 通过建筑物的视觉效果引导人往上

图14　整个新馆内部，功能合理便捷，建筑语言清晰明快

图15　新馆通过大玻璃把相邻建筑也借景过来

图16　虚实、明暗、粗细的节奏变化

图17　玻璃钢结构轻灵空间是新老馆的过渡

图18　仰望屋顶与建筑的视觉效果

与众不同的台湾中台禅寺

撰文／林小峰

上图　中台禅寺外观

图1　中台禅寺平面图

“这是寺庙吗？”这是大陆游客看到台湾台中的中台禅寺后发出的一声惊叹。

是的，这是位于南投埔里镇的一座寺庙，它占地30余公顷，于1992年开始筹建规划，历时10年，耗资达30亿元新台币，于2001年9月1日正式落成开光启用。

然而，这真是一座与众不同的寺庙。

一、外观不同

中国的佛教建筑，在汉朝时期佛教引进中原时，流行宅舍为寺；魏晋南北朝时期因佛道国家化，一时风行，逐渐以塔为寺的中心，塔成为供人膜拜的主体；隋唐时期，佛法兴盛，佛像逐渐成为礼拜的对象，并成为殿堂的中心；佛教建筑逐渐扩大为院落的水平布局，至明清发展成制式的宗教建筑形式，以“迦蓝七堂”南北轴线的平面式布局，架构寺院的空间配置。在中国北方的汉传佛教寺庙的建筑形制，是在中轴线上依次序排列山门、天王殿、大雄宝殿、藏经阁等殿宇，在中国南方的闽南庙宇建筑特色是在门柱、屋脊、檐梁上布满石雕、木雕、彩绘、彩塑等。信众已经对这些传统形制的寺庙耳熟能详，习以为常。

这座寺庙与以往我们司空见惯的“琉璃瓦”“斜屋顶”形象的寺庙大相径庭，它一改传统平面寺院布局，塔寺合一，融合中西技法，建筑高度创纪录地达到140米。同时，运用现代科技，以佛法理念为设计灵魂和根本，最大限度地融合了古代丛林园艺、艺术、文化及佛教建筑精髓。

中台禅寺由一幢主体大厦和若干裙楼组成，主要佛事功能区都集中在主体大厦里。整座建筑物宽阔壮丽，底座是庞大的裙楼，裙楼之上耸立塔式建筑的主楼。建筑师采用“大聚大散”的建筑形式，以垂直化和集中化的高楼建筑作为禅寺的主体。中心主楼顶部由莲瓣线条装饰众星拱月般托起在圆球上高高竖起的小圆柱式“塔顶”。佛教的符码语汇——佛塔、天梯、锡杖、莲花、摩尼珠等被信手拈来，巧妙运用，令人耳目一新。建筑师还采用“异法门”的设计理念，以象表法运用佛典的故事客体作为建筑实体的建构主体，并以建筑形式的虚体展现禅寺的法脉实体，做到虚实结合。

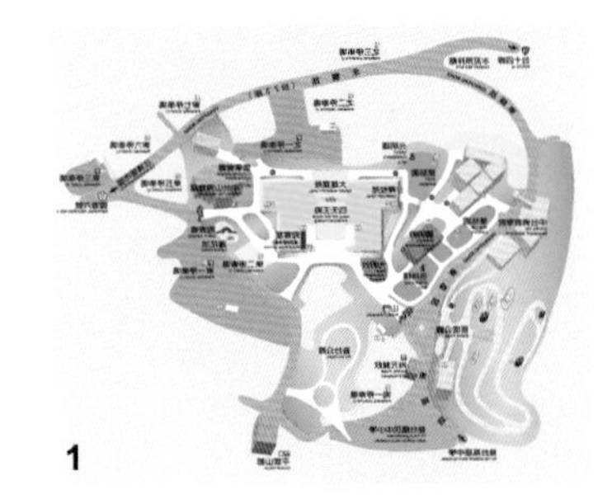

图2　气势宏大的主殿
图3　主体建筑的侧面
图4　黄昏时的寺庙景观
图5　绿树掩映下的寺庙

中台禅寺建筑意向如同一位修行者澄心趺坐于群山之中，抒发着包容万物的胸怀。整座建筑以象表法，诉说着大乘妙理，从中心主轴三身佛殿直至金顶，象征着“明心见性，见性成佛”的顿悟法门；主轴两侧的大、小天梯于菩萨殿，则表征一步一脚印，终至圆满佛果。

二、内饰不同

中台禅寺一层是天王殿和大雄宝殿，五层有大庄严殿，九层为大光明殿，十六层是万佛殿，再往上是藏经阁和“金顶”。与大陆寺庙沿袭木、泥等传统古法不同，这一座塔楼宫殿式建筑物除了以水泥钢筋作主要材料，装修也使用了大量名贵的石材、琉璃等现代材质，配以当代艺术形式，加上声、电、色、光等现代设备烘托气氛，使人感觉禅寺真做到了“低调的奢华”。寺内设施先进，采用了中央空调和智能化的控制系统，包括消防设施等，还配备了观光电梯，为僧侣和信众们创造了舒适、幽静的环境，可同时容纳2000名僧尼和1000名居士在此居住修行。有人称它是世界上“最豪华、最现代化的庙宇”。

从禅寺山门前的台阶拾级而上，见正门两侧各留巨大的莲瓣型视窗，分别供奉着两尊横眉怒目、高举法器降妖伏魔的青铜神仙塑像。步入四大天王殿，正中供奉“南无弥勒佛”，黄铜铸塑的弥勒大肚佛光彩照人，他颈佩长串佛珠，左手托镶着绿玉的金如意，笑口大开，他身后有一副对联“大肚能容了却人间多少事，满腔欢喜笑开天下古今愁”，令人对照自省。弥勒背后的韦陀菩萨立像，英姿勃发，威风凛凛；仰望大殿四周立着四大天王像，它们是用黑色花岗岩精雕

图6 寺庙大楼的局部

图7 四大金刚之一

图8 四大金刚之一

图9 韦陀像英姿挺拔

图10 佛祖像端庄秀丽

图11 笑口常开的弥勒佛

12

請勿觸摸
13

14

CHUNG TAI
MUSEUM
15

16

细凿而成，高约20米，体量硕大，传统寺庙门口的泥塑四大金刚在尺度上与之无法相提并论。以红、灰为主色调装饰的大雄宝殿，正中供奉释迦牟尼佛，用花岗岩雕琢而成的这位佛祖端坐在莲花台上，端庄慈爱，令人肃然起敬。大雄宝殿内还供奉着十八罗汉漆雕像与关公塑像，栩栩如生而不落俗套。

三、理念不同

从建筑风格的标新立异，便可以想象其当家住持的观点前卫领先。中台禅寺的住持惟觉大和尚所倡导和力推面向21世纪佛教弘法方向———佛法五化：学术化、教育化、艺术化、科学化、生活化，其眼光与勇气令人佩服之至。就教育而言，中台禅寺除了创办佛教学院、广设精舍，培养弘法僧才，推动僧众教育和社会教育，还创办普台中小学以及正筹办建立高中，推动学校教育。借此使社会大众都能获得佛法熏陶。这所硬件一流的寺庙，其核心价值在于它是一座高等佛教学院。这还是一个“国际化”的寺庙，在这里可以看到来自德国、法国等多个国家的僧人，使用不同语言交流禅道。它还具备其他寺庙绝对没有的星象馆、藏经馆、艺术馆、图书馆、资讯馆、体育馆、游泳馆和计算机大厅等附加设施，古老的佛法和现代的科技在中台禅寺得到完美的结合。

中台禅寺最特别的地方，是一反传统禅寺香客云集、烟雾萦绕的景象，以敬花朵完成礼佛过程，不失庄严又保持了环境的洁净和建筑物和艺术品的精美。“中台一炷香，燃在信众心”，展现了宗教与现代经济发展和文明进步的与时俱进的精神风貌。这个做法杜绝了现在一些“宗教搭台”“经济唱戏”片面之处以及不顾宗教本源，一门心思掏尽香客荷包的反常现象。据报纸披露，现在承包寺庙已成为大陆一些旅游景区的事实，宗教场所变身经营场所，靠他人的虔诚和信仰攫取暴利。诚信的缺失是可怕的，信仰的缺失更是可怕。当一个民族、一个社会秉承一切“向钱看”时，不能不说是这个民族的悲哀。从这个意义上说，中台禅寺回归到礼佛可不用香、而用心的本真，是给人们真正的教化。

最后一定要提及中台禅寺的设计师，是台湾著名建筑师李祖原大师，他还设计过台湾101大楼、上海世博会台湾馆等知名作品。他本人是住持惟觉的弟子，也是佛家居士，由他设计这座建筑是得心应手、实至名归。他在设计中力求将古老的禅仪与现代的生活相结合，在面向未来的发展中寻求突破。

中台禅寺所呈现出的新时代宗教建筑特质，融合艺术、文化、科学及弘法功能，充分展现佛法五化内涵。这使其在业界声名鹊起，落成翌年便一举夺得“第23届台湾建筑奖”“第20届国际灯光设计卓越奖”等殊荣，更为21世纪宗教建筑写下划时代的篇章，一举成为亚洲佛教寺院的标志性建筑，号称东南亚最大的禅宗道场。由此可见，与时俱进是连寺庙建筑都可以遵循的可行法则。

图12 贝雕法器精美绝伦
图13 硕大的漆器狮子
图14 以“拈花众生微笑”为主题的屋顶壁画
图15 围墙设计现代简洁，独具匠心，耐人寻味
图16 寺庙入口处仿造三潭印月的小花园
图17 寺庙前方一片绿意，满目苍翠
图18 群山环抱中的寺庙

17

18

花卉王国的“华尔街”
——荷兰最大的花卉拍卖市场的成功逻辑

撰文 / 林小峰

上图 满满当当的鲜花在24小时内发至世界各地，这需要强大高效的物流体系

125个足球场那么大；

每天交易量有1900万朵花和200万株盆栽；

一年交易量有35亿朵鲜花、3.7亿个盆栽。

这些惊人的数据发生于阿斯米尔，距阿姆斯特丹17千米、荷兰西部的一个人口仅2万的小镇。这里因为有了世界上最大的鲜花拍卖市场——阿斯米尔鲜花拍卖市场而举世闻名。市场是由两家花卉拍卖公司于1968年合并而成的，目前占地面积达71.5万平方米，是全世界最大的交易建筑，也是世界上第二大的建筑。全世界超过80%的花卉交易发生于此，所以对花卉工作者来说，阿斯米尔就是花卉王国的“华尔街”。

“荷兰”在日耳曼语中叫尼德兰，意为“低地之国”，因其国土有一半以上低于或几乎水平于海平面而得名，部分地区甚至是由围海造地形成的。荷兰面积仅约4.15万平方千米，但全国却有110平方千米用于种植鲜花和果蔬的温室，因而享有“欧洲花园”的美誉。花卉因此成为荷兰的支柱性产业，年出口额达100亿欧元。

荷兰人精明并且高明。因为离阿姆斯特丹最大的史基浦国际机场只有六七千米，有区位优势，所以这里不仅是商业买卖市场，还被打造成了收门票的旅游观光之地，每天来这里参观的游客络绎不绝。整个市场表面上分上下两层，通过上下高架连廊相接，下层是成千上万如电瓶车般的花卉车辆，工作人员驾驶着这些车辆像工蜂般快速穿梭着，游客都在上部的参观长廊往下俯瞰这些忙而不乱的活动，花车上的鲜花五颜六色，煞是好看。

另外一个最重要的看点是拍卖交易大厅，主要是由拍卖师工作台、展示台、拍卖屏幕组成，有点类似大学的阶梯教室。拍卖师坐在阶梯的座位上，讲台位置下方是传送带，花卉样品依次被传送带带入供拍卖师验货，当样品经过的时候，大屏幕显示相关信息，工作人员也会做好展示服务。讲台位置上方的大屏幕显示花卉的信息，而外形像个花钟的电子拍卖钟则会根据拍卖师所出的价格，使其指针落到出价最高的拍卖商。同时，花卉名称、照片、规格、等级以及买到花的供应商等信息一应俱全会显示，非常直观和便利。

荷兰的鲜花拍卖遵循“荷兰式拍卖”规则，有趣而有刺激性，类似抢答。该拍卖采用表盘式无声拍卖，涨价降价交替进行，由荷兰人发明，因此称为“荷兰式拍卖”，是现代化的减价拍卖形式。拍卖时，先由拍卖师报出最高价格，用电子拍卖钟上的相应刻度显示出来，然后再由买家按动电钮逐一应价，拍卖钟的指针会持续逆时旋转，由较高的价格开始往低价格旋转，直到有人按动电钮使其停转表示购买为止。凡遇两个以上应价时，则拍卖钟指针顺时旋转，表示加价，直到剩下最后一人按钮使其停止。最后中标的买家透过麦克风告知所需数量。进入拍卖流程的鲜花，如果所有人出价都低于底价，就会被收回。这些被收回的鲜花，就会被打上的“X”级。这些鲜花最终除了少部分回收外，大部分都会被丢弃。低于底价，是宁可被丢弃也不会被卖掉，这样做的唯一目的，就是为了保护鲜花交易的价格，从而形成“共赢”，从根本上保护各方的利益。这给喜欢低价竞争，最后使得劣币驱逐良币，形成“共输”局面的国内市场一个很好的正面教材。

拍好花后，工作人员将包装、运载、通关、检疫一气呵成，所有的鲜花外包装都打上条形码或者二维码，直接就坐上了交通工具。理论上24小时内鲜花就出现在了全世界各地的花店里，效率让人叹为观止。这只是游客可以看到的，其实，鲜花或者绿植到顾客手中，经过很多道手，具体运作流程是这样的：种植户—库房—拍卖市场—冷库—质量检测—拍卖—分销区—运输—装船（飞

图1　拍卖市场的平面图，可以看出市场占地惊人的规模

图2　拍卖室内，拍卖屏幕组成“花钟”

图3　拍卖室内，当样品经过时，大屏幕显示相关信息，便于拍卖师决策

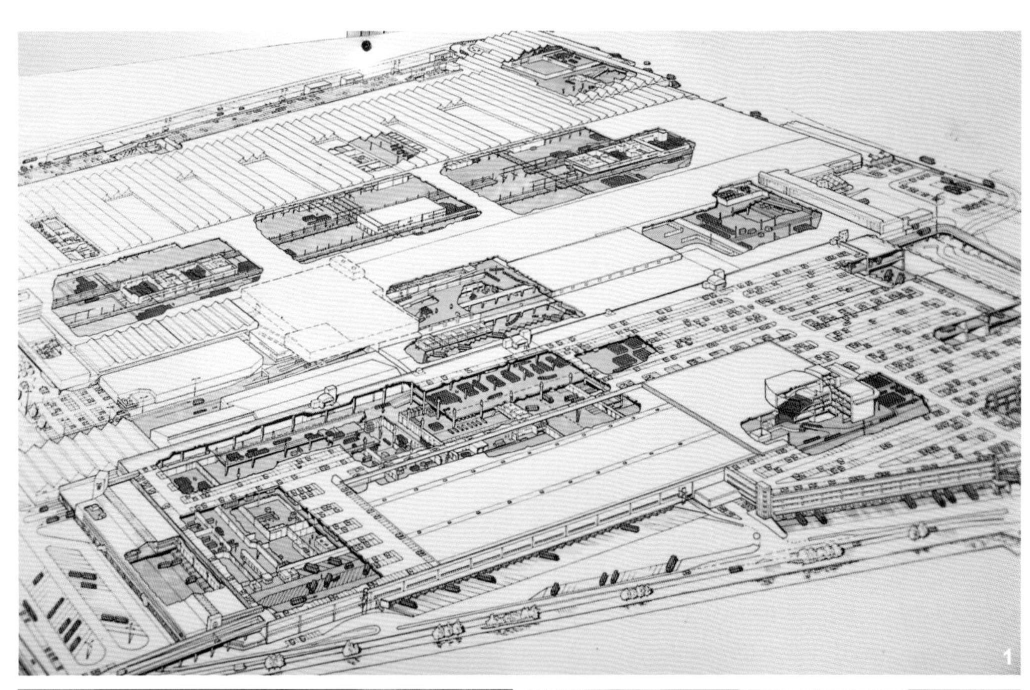

1

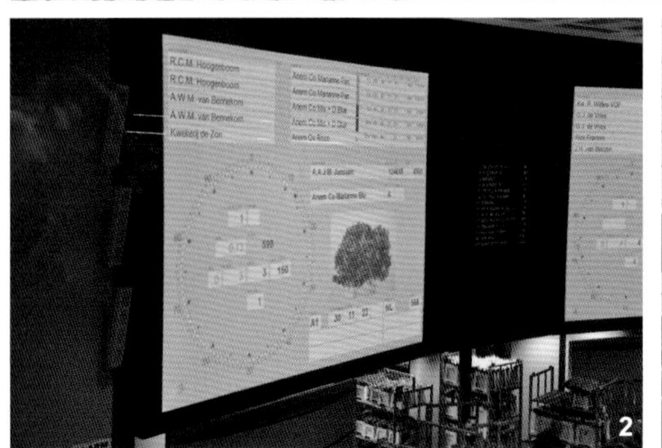

2

3

机）—销售商铺。如果细化到鲜花的一天，实际是从每天下午5点开始的：下午5点种植户将鲜花送进库房；晚上8点开始装车运输，10点抵达拍卖市场；晚上10点半的时候，鲜花已经安全地进入冷库了；凌晨4点，开始质量检测，5点拍卖开始；早晨7点，工人将卖出的鲜花进行分装；上午11点鲜花被运至港口和机场；下午4点，鲜花就可以到销售商户手中；5点的时候，新一轮的鲜花拍卖循环又开始了……

整个交易公平、简易、高速、透明，荷兰人的聪明才智和商业头脑令人拍案叫绝。

很多国家也有资金、土地、市场等优势，试图模仿或者企图超越荷兰，几十年来，尚无明显成功的案例，这是因为荷兰的模式有着非常高的配置要求。专门研究国家竞争力的哈佛商学院教授迈克尔波特曾赞誉荷兰的花卉产业是“全世界最创新的产业群聚”。钻石理论认为某一区域或国家的竞争力主要取决于以下四组因素:生产要素、需求条件、相关与支持产业、企业的战略与竞争程度。而政府对这四组因素起综合作用，一个区域竞争力的高低与这四个因素成正比关系。根据该理论，不管在相关与支援产业、需求条件、生产要素和企业战略各层面，从研究荷兰的调查报告中抽丝剥茧，可以发现

图4 室内的拍卖师在紧张工作
图5 拍卖市场内的总监控台
图6 工人正在扫描花卉标识码
图7 货场地面轨道纵横、四通八达，给花卉转运带来极大便利
图8 花卉的包装整齐
图9 花钟的指针落在出价最高的拍卖商，同时，买到花的供应商、花卉名称、照片、规格、等级等信息一应俱全会显示在上面

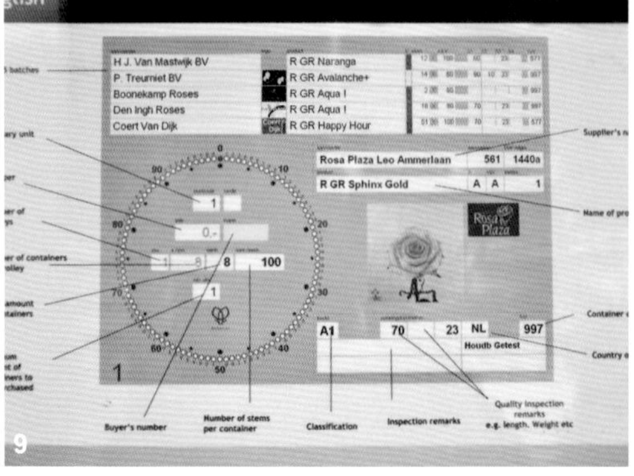

荷兰花卉产业的竞争力达到了其他国家难以企及的高度。

一、领先的产业认识

当花卉被大多数人认为是奢侈品或者一般农产品时，荷兰早把花卉当成国民经济的支柱之一。花卉业是荷兰的第二大支柱性产业，占其整个农业的5%，却提供了荷兰农业35%的出口。在荷兰，尽管花卉和观赏植物栽培仅占全国园艺种植面积的4%左右，但玻璃温室花卉种植的面积极大。目前，荷兰生产的花卉至少有70%用于出口，使荷兰成为世界花卉交易中心。为鼓励花卉产业发展，荷兰政府推出了一系列优惠政策。荷兰政府规定，直接从事花卉生产的企业可以享受较低的增值税(花卉产品的增值税由正常的17.5%降到6%)，降低的幅度是非常大的。对使用节能设备和培育新品种的花卉企业给予适当的财政补助，向从事花卉种植的农场提供贷款担保和为花卉出口企业提供出口信贷等。

为帮助花卉企业开拓海外市场，荷兰政府除要求分布在世界各国的使领馆为本国花卉企业提供世界花卉市场需求信息外，还通过与外国政府签订多边、双边贸易协定，消除花卉的国际贸易壁垒。

这些措施都是对花卉产业真金白银的帮助与支持，是保证行业的发展前提。目前，荷兰共有11000多家花卉生产企业，7大花卉拍卖市场，800多家花卉批发企业，14000多家花卉零售商店，整个花卉业提供了近6万个全职工作岗位，是个庞大与健康的行业体系。

二、强大的研发能力

在花卉生产方面，荷兰其实先天条件有限：它是世界著名的“低地之国”，具有纬度高、温度低和日照短的气候特点。荷兰不得不另辟蹊径，约有70%的花卉生产都是在玻璃温室内进行的，这样种植不受气候、日照和土壤条件的限制，而且能够完全按工业生产方式进行花卉生产和管理。温室的温度、湿度、通风、光照、二氧化碳等生态条件实行计算机全自动控制，以满足各种花卉的最佳生长条件，病虫害控制也更加简便。荷兰大多数玻璃温室都使用燃烧天然气来集中供热的系统，同时用管子将天然气燃烧产生的二氧化碳导入玻璃温室里，这样可以促进植物的光合作用和生长。

荷兰的花卉大都由家庭农场种植生产，一栋温室面积一般约4至8公顷，面积有限，因此，许多家族祖祖辈辈专心致志以匠人精神养好一种花，经常只种植一种花卉甚至一种花卉的一个品种，养到极致。这样的专业化程度很高，且降低了管理难度，大家都错位发展，避免了所有农场的雷同化，使花卉市场运作更加规范有序。

荷兰花卉的科技含量一直处于世界领先地位。荷兰的花卉研究机构主要分为政府、大学和企业三个层次，各个层次的研究机构却分工明确，相互协调配合密切。荷兰花卉企业是花卉研发的主体，目前荷兰各大花卉企业自办的研究所就有60多个，专门从事花卉研究的科研人员超过6000人，主要从事应用型技术和理论研究，如花卉育种、栽培技术、种质资源引进和开发等，研究成果可立即用于生产，转化成为实实在在的商业成果。从荷兰不惜工本研发新花卉品种就可见一斑。在荷兰，几乎每个花卉品种都有专门的花卉育种公司，这些公司专门收集市场上出现的各种花卉品种，每年进行成千上万个组合品种的杂交，将选育出的新品种提交荷兰植物品种权利委员会，申请新品种鉴定，经过测试后普及推广。平均每年能推出800至1000个新品种，增强了荷兰花卉行业的整体竞争力，提高了行业门槛。

三、严格的质量体系

荷兰国家植物检验总局负责花卉进出口的检疫，对花卉种植企业、批发商推行ISO 9002质量认证系统。国家植物检验总局对花卉产品的检查不是在出口口岸进行，而是关口前移，在种植农场或出口商的生产基地进行，以确保检验官员收集到真实的样品。为确保花卉的价格和质量，在鲜花拍卖市场拍卖中因为质量不合格没有卖出去的产品，决不降价处理，而是全部作为垃圾予以销毁，有关质量不合格花卉的生产企业必须支付相应的垃圾处理费，实际强制要求了生产者的达标。不同花卉产品的质量标准，由相关花卉中介组织根据农产品质量法案分别制定，

由国家植物保护局、国家植物检验总局和国家新品种鉴定中心等政府机构颁发产品质量认可证书后，产品方可上市交易。荷兰政府先后颁布了“植物育种者条例”和“种子和植物材料法”等有关植物育种者权利的法规，体现了依法种花养花的威严，保证了行业的高品质。

四、高效的经营模式

荷兰完善、快速、高效的花卉拍卖市场体系是非常成功的市场化服务体系，是荷兰花卉产业化经营的动力源泉。荷兰花卉拍卖市场对花卉产品的加工、保鲜、包装、检疫、海关、运输、结算等服务环节实现了一体化和一条龙服务，有人将荷兰花卉产业经营模式概括为“花卉拍卖市场体系加花卉生产企业”。的确，荷兰花卉拍卖市场在促进荷兰花卉产业发展过程中承担桥梁地位，它连接着花卉生产者、批发商和出口商，将市场成交的品种、数量、价格等信息及时向全社会公布，并且将经营结算、包装、运输、检疫、出口等业务的社会服务机构融入进来共同服务花卉产业。随着花卉产业的迅速发展和花卉交易量的增大，荷兰花农为追求自身长远利益自发以入股的方式建立了花卉拍卖市场，并且以现代企业制度来规范管理这些花卉拍卖市场。

在荷兰，花卉种植者只从事花卉的生产过程，集中精力生产高品质的花卉产品，而产品的销售全部交给花卉拍卖市场。由于拍卖市场仅收取固定的佣金作为市场的运作和管理费用，因此具有高效、低耗、及时、便捷的特点。花卉的生产、销售、研发和推广等各个环节，一般都是由分工极细的专业化企业承担。荷兰花卉产业的专业分工非常精细，各管一段，相互衔接。目前，荷兰花卉产业已经建立了从花种培育、花卉种植到花卉销售非常专业的一条龙配套服务体系。专业的种植农场、育种及种苗机构、玻璃温室企业、运输公司、栽培用土公司等都分工明确，各司其职，使得每个环节的运作效率得到了最佳的发挥。

五、社会人文环境

荷兰人可能是世界上最迷恋花的民族之一，早在17世纪就曾经有过荷兰郁金香热，发生过一株奇特品种郁金香可以换一套别墅的传奇，其痴迷程度让全世界人大跌眼镜。荷兰人爱花、种花、懂花、送花蔚然成风，无论家庭还是单位、无论节假日还是日常生活，鲜花是无处不在的。从而使荷兰在追求鲜花质量方面也一直领先于全球其他国家。有统计资料显示，荷兰人的支出中16%用于花卉消费，大大超过世界的平均水平。这也是荷兰花卉业有最终消费保证、取得良性循环的根基。

高度专业化可以说是荷兰花卉产业的一大特点，也是荷兰花卉产业高效发达的重要因素。可以把一个市场经营成旅游景点，其背后的商业逻辑系统且精深，太值得国人学习了。

图10 小型的花卉组合，非常适合花店批发

图11 同种花卉会开发系列产品

图12 景天类植物种类丰富

图13 马蹄莲我们常见只是白的，这里红色、黄色、紫黑色都有

图14 加入一些装饰物，提升商品价值

图15 经过处理的宝石花，颜色艳丽

图16 经过染色处理的花卉

图17 这是花卉检验处，也供人在外面观看，窗口留下文字解释植物检验的目的

图18 在拍卖市场竟然还有中文广告，荷兰人的市场意识真的强大

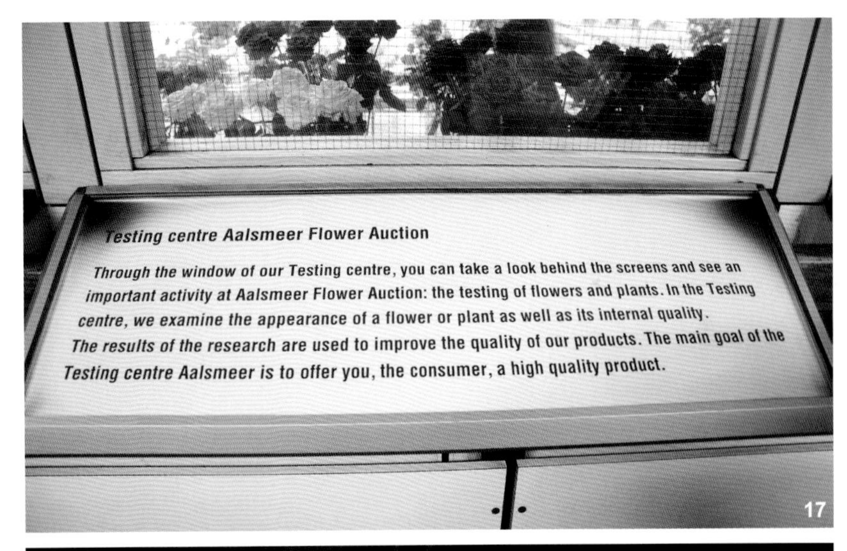

切尔西的密码

切尔西，园艺的奥斯卡。

百年的基业，园艺的饕餮盛宴。

我们试图从外在的作品表现与背后的商业逻辑来解析，找出她成功的密码。归根到底，专业的人才结构、专项的资金模式、专门的花卉材料是关键，广泛厚实的爱好者是基础，浓郁深入的宣传氛围是主导，每一条都值得学习效仿啊。

名副其实的世界最美花展
——百年切尔西花展发展史

撰文／叶剑秋

作者介绍

叶剑秋 高级工程师，先后在园林学校从事教学、科研工作，后在花卉著名的跨国企业从事花卉产品开发

上图 各种杜鹃的园艺品种

图1 切尔西花展入口

英国的花园源于田园风光，以充分体现自然景观而著称。花园艺术成为不折不扣的植物造景艺术。你是否知道，英国本土的植物资源并不丰富，可是经过几代园艺工作者上百年的努力，培育出无数适合英国生长的花卉品种，造就了一个拥有花卉品种最丰富、花园艺术水平最高的世界花园王国。花卉展会是花园工作者交流花卉产品（品种和质量）以及花园技术的平台，由此，成功的花卉展览便可成为花园艺术水平的风向标。我们再来看这个花园艺术王国的花展。切尔西花展之所以成为世界最著名的花展之一，是因为切尔西花展的展示内容始终紧扣花卉植物品种和花园展示两大部分，一百年没有变，变的是每年推出的数百个花卉新品种，以及不断跟进的花园艺术的理念。就是这样一个实实在在的花展造就了一个世界花园艺术的王国。林林总总的英国花园，其无限的魅力就是展现植物品种的造景艺术，这个花园的灵魂百年不变，且不断发展。花园艺术和花卉展览的特质如此一脉相承，其背后有哪些内在的联系和原因呢？经过实地考察后有些感受分享如下，希望能给我国的花园艺术发展带来一些思考与启发。

切尔西花展由英国皇家园艺学会组办，始于1862年的皇家园艺学会的春季花展，最初在肯星顿花园举行，自1913年起移到伦敦市中心的切尔西皇家医院广场举办，并更名为切尔西花展，距今已有百年。一百年来除了第一次世界大战期间的1917年、1918年和受第二次世界大战影响的1939～1946年停办。一个花展在同一地点，每年一次定期举办，并始终吸引大量的英国本土以及来自世界各地的园艺爱好者。花展的热门程度也是其他同类花展所不能比拟的，在4.5公顷的地块里，每天的参观人数在4万左右，5天的花展约能吸引16万游客。历史上有2次突破，即1987年和1988年的切尔西花展分别有24.7万和18.5万人次入园参观。切尔西花展已成为伦敦地区三大造成交通堵塞的活动之一。因为入园人数太多，滞留时间越长就会造成拥挤，还会带来很多安全、卫生方面的问题，因此每届花展都严格限制游客人数，尽管门票昂贵，但依然一票难求。其门票一般需要提前半年预订，笔者在开展前2个月已无法取得入园门票，只能通过当地票务中介买的95英镑的高价票（原价55英镑）。切尔西花展之所以有如此的吸引力主要得益于：花展的内容，花展组织者包括游客和英国的花园文化。

一、花展的特色保持了一百年仍然充满活力

花展的内容组织是花展成败以及能否持久的关键，切尔西花展的成功就在于花展的组织者能始终保持以花卉植物为主体，不仅展示花卉植物的品种、质量以及生产技术等，最具特色的是全方位地展示花卉植物的应用技术即花园艺术。丰富的花卉产品，通过花园艺术进入人们的日常生活，这就是切尔西花展百年活力的原因所在。这个核心内容做到了百年不变，并不断推出花卉产品新的概念、新的产品、新的技术。切尔西花展秉承的一贯宗旨是“推广最佳花卉产品，展示最佳花园”，这个宗旨坚持了百年，使切尔西花展不仅是英国的花卉盛事，也成为当今全世界最著名的花卉园艺博览会之一，是花园艺术的时尚潮流和未来风向标。

二、花展成为丰富的、高质量花卉品种的T台秀

大展蓬是切尔西花展两大展示形式之一，主要展示花卉产品。这里有来自花卉苗圃、花商和花艺师的150个展品和多达250个展位。这种展蓬形式内展示花卉苗圃的最新产品，在过去的100年里已有累计5900多个参展商，还不包括1500个其他参加各种评比的个人。公司和民间组织。在这里人们可以看到来自世界各地的奇花异草，千姿百态、姹紫嫣红的花卉种类。通过园艺师的精心培育，各种花卉的最佳状态同时展现在花展上，体现出极高的栽培技术水平。花卉产品是大展蓬内的重头戏，充满了各种亮点，让参观者目不暇接，花卉种类的丰富程度难以置信，这倒是可以让人理解为何在英国的花园中有着多姿多彩的花卉景观。可以看到许多最新品种的名花，如著名的高山杜鹃、菊花、铁线莲、月季、玫瑰等等，这些原产中国的花卉在他国有着异样的芬芳；更有数不胜数的“无名小草”。在这里花草没有贵贱之分，人们珍惜世界上的每一种花草，经过数百年，一代代园艺家的不懈努力培育出极为丰富的园艺品种，这也是英国花园中丰富的花卉种类和品种的原因所在。六出花、羽扇豆、香豌豆都已高度园艺化了，丰富的品种令参观者不断地发出惊叹，因为当你看到极其普通的花草，能变成如此美妙时，它完全改变了你对已知花草的认识，这种感叹是发自内心的。令参观者倍感惊讶的远不止

图2　各种菊花的园艺品种

图3　各种月季的园艺品种

图4　各种铁线莲的园艺品种

丰富的花卉品种，而是所有展品的质量如此之高。不论是大宗的球根花卉风信子、大丽花、水仙花，还是专类的水生类花卉、多肉类花卉、宿根类花卉和食虫类植物，或是观叶类植物等等，所有展出的花卉都能做到花叶并茂。参展商都能将花卉的品质控制到最佳的状态，在“规定”的花展期间展示给游客。这显示出高超的栽培技术，其背后蕴藏着无数的故事。要取得在切尔西花展上的成功是一个极大的挑战，这也是百年花展对花卉栽培技术的推进作用。

大展蓬内的花卉展品不仅仅是供人欣赏的，展会的宗旨是推广这些高质量的产品，推广的对象是普通的百姓。花卉产业的本质应该是激发植物潜能，为人类提供美好的生活。切尔西花展的活力就在于能始终紧扣时代的热点来展示花卉产品的应用。2013年大展蓬的主题是“演变的花园”，在切尔西花展百年庆典上，各种展品在回顾花园历程的同时，更关注花园的未来。如大展蓬内有专门的花艺展示，即采用花卉产品形成的花艺作品，许多作品反映了这个主题，表达了花园在应对气候变化和减少碳排放中将起的作用。本次花艺金奖作品“深海花世界”，用各种花材组成了栩栩如生的深海动植物世界，作品不仅选材得当，构思巧妙，制作精良，展现出生动的海洋世界，更重要的是该作品唤醒了人们对美好环境的留恋，激发起人们保护美好地球家园的意识。切尔西花展在推广花卉产品方面不仅立意高，更注重落实。花卉产品进入百姓的生活是最有效的推广。大展蓬内的许多展位上都有结合不同花卉植物而设计的、适合大众消费的产品，使花卉产品进入普通百姓的日常生活。这也是切尔西花展的特别之处，许多商业活动针对普通消费者而有别于其他花卉商贸展销会。除了在大展蓬，许多辅助的展位和配套商铺也销售着各种具有花卉元素的生活用品和艺术品。

三、花展被誉为花园艺术界的奥斯卡

花园展示是切尔西花展特有的重头戏，也是体现花展的核心宗旨，推进花卉产品进入人们日常生活的有力推手。“该花展真正展示了花园艺术”，许多欧美园艺界人士如是说，这也是花展能年年吸引业界关注的原因吧。每届花展由来自世界各地的近700名园艺师会在这里亮出他们最具想象力、创造力的作品，常常出现一些设计独到、新颖、令人惊叹的花园，既给人们无限美的

图5　各种羽扇豆的园艺品种
图6　各种六出花的园艺品种
图7　各种香豌豆的园艺品种
图8　风信子的园艺品种
图9　各种大丽花的园艺品种
图10　各种多肉类花卉的园艺品种
图11　各种水生花卉的园艺品种
图12　各种宿根类花卉的园艺品种
图13　花叶并茂的矾根品种
图14　各种食虫类卉的园艺品种
图15　花艺作品“深海花世界”
图16　花艺作品“深海花世界”

5

6

7

8

9

Myosotis
scorpioides
10
11
12
13
14
15
16

图17 适合携带和运输的盆花产品
图18 各类有花元素的生活用品
图19 各种花园用品

感受，又展现了高超的花园技术和创意新理念。历史上切尔西花展为花园奉献了许多花园形式，如早在花展的初期1913年前后，花园内风行岩石园，当时的切尔西花展便有重头的展示，以至于岩石园区域至今保留，尽管近年的花展并没有展示岩石园，但岩石园早已成为英国许多花园中的重要景点，诸如丘园、威斯利花园、爱丁堡植物园都有非常出彩的岩石园。2013年的花园展示体现出生态环境和可持续发展的花园趋势，花园设计逐渐强调功能与景观的结合，花园已不仅是供观赏的对象，而是融入了多样的活动内容，新优花卉的运用更是让人耳目一新。主办方虽然将花园展示刻意地分为展示花园、新意花园、技艺花园和时代花园，但实际花园内容更为丰富，表现出人类活动的各种场所对花园的需求，引领着世界花园艺术的潮流。除了官方报道的那些得奖之作，同众多的普通参观者一样，笔者也被许许多多的花园形式所吸引。要全面理解切尔西花展上的花园设计及其理念是难以做到的，但也没有必要，因为每个人都可以容易地找到自己的所爱。花园技术的宗旨是为我们提供高质量的生活环境，因此，可以注意到，这次花展上的花园设计更关注我们的生活环境，花卉的选择更趋于自然、色彩淡雅而不失园艺化的精细。花卉种类的选择性更广了，包括蔬菜、药用植物和芳香植物，有利于多方位地为日常生活提供花园环境，人们需要的是美好生活每一天，而不再关注什么“重大节日”。世界最盛大的切尔西花展上没有大型的主题景点，取而代之的是无数反映生活环境的“小”花园。就是这些小花园吸引着热爱生活的普通百姓，在自然中求精细也是花园的潮流之一。譬如2013年的最佳技艺花园，被授予一个日本花园。设计师在一个自然的花园中建了一个日式榻榻米房屋，周边的流水和点缀的错落有致的花草，显得精致而自然，人们在这里可以感受到心情放松，尽情享受自然景观和季相变化的美妙，同时这里又传递着日本文化的点点滴滴。表现不同文化背景的花园也是切尔西花展的一个亮点，比如以万寿菊属花卉布置的印度花园、关注儿童成长的主题花园等等。

四、花展孕育出浓厚的花园文化氛围

切尔西花展能如此火爆，时尚与其产生的影响力和对花园艺术发挥的作用是一般花展所不及的。花展的内容固然重要，但是成功的花展与花展的组织者、参展商和尤为重要的参观者是密不可分的。切尔西花展经过百年的打磨，花展远超出了展览的范畴，已经在英国形成了特别的花园文化，正是这种文化现象使得花展生生不息，各种美不胜收的花园在英国的大地上遍地开花。

五、专业的组织，牢牢把握着花展宗旨

切尔西花展保持百年活力的另一个重要原因是其组织机构——英国皇家园艺学会，是具有200年历史的世界最具权威性的花园、园艺学会。学会的专业性和权威性对花展的整个发展过程起着主导作用。学会不仅能始终把握着花展的宗旨，有效地组织花展的内容，更重要的是通过精心设置的各类奖项，将花卉园艺不断推进到一个又一个新的高度。不妨看一下切尔西花展的奖项设置，通过有经验的评委按设定的评比要求进行评比，最后由皇家园艺学会授予奖牌。奖牌分四个等级：金奖、镀金奖、银奖和铜奖，每个等级数量一般没有规定，但每个等级评比标准十分明确和严格，达不到铜奖水平的即没有奖牌。一般在金奖中再评出表现优异的最佳奖，如最佳花园奖、最佳创意奖、最佳技艺奖等等。这样的设置非常有利于激发参展商热情，促使他们努力地展示各自的展品。作为花展，值得一提的是对花卉植物材料、花卉品种的奖项，切尔西花展是如何做到一贯持久的呢？花展每年设有年度花卉奖，2010年、2011年和2012年分别是海角樱草(*Streptocarpus*‘Harlequin Blue’)、银莲花 (*Anemone*‘Wild Swan’)

图20 印度园

图21 关注儿童的主题花园

20

21

和毛地黄(*Digitalis* 'Illumination Pink')。而世纪花卉奖，是由皇家园艺学会从切尔西花展上的得奖花卉中再按每十年选出的一种花卉。它们是：1913～1922年的石莲虎耳草(*Saxifraga* 'Tumbling Waters')、1923～1932年的马醉木(*Pieris formosa* var. *forrestii*)、1933～1942年的羽扇豆(*Lupinus* Russell hybrids)、1943～1952年的高山杜鹃(*Rhododendron yakushimanum*)、1953～1962年的月季(*Rosa* 'Iceberg')、1963～1972年的四照花(*Cornus* 'Eddie's White Wonder')、1973～1982年的桂竹香(*Erysimum* 'Bowles's Mauve')、1983～1992年的矾根(*Heuchera villosa* 'Palace Purple')、1993～2002年的老鹳草(*Geranium* 'Rozanne')、2003～2012年的海角樱草(*Streptocarpus* 'Harlequin Blue')。本届切尔西花展的百年庆典上又增设了创意人才奖和年度青年花艺师奖，是专为16～25岁的参与者设置的奖，得奖者可以保持奖牌一年。这样年复一年地保持人才不断，花展活力永驻。

六、参展商的热情与专业性是花展不断进步的原动力

切尔西花展的起源就是花卉苗圃的自发行为，一开始就是出于苗圃业的需要，因此最初的参展商以种植苗圃为主，占50%以上。花卉苗圃需要展示他们最好的花卉产品，通过这个形式将他们的产品推广出去。这个最初的起因就切尔西花展的宗旨，100年没有改变。改变是花卉产业的发展，随之出现了花卉生产配套的设施制造商，产品推广的贸易商和相关的媒体机构。所不同的是随着花展的知名度愈来愈高，展会的组织者对参展商的要求也不断提高，这也提升了花展的质量。现在的切尔西花展汇聚了当今世界最前沿的花卉新品种。如果新品种花卉能在这个花展上发布，对于培育者来说可谓“至高荣誉”。这样，参展的苗圃会使出全力展示最佳的花卉产品、最独特的花卉栽培技艺、最完善的服务。因此参加切尔西花展不是一件容易的事，需要层层筛选。可是在2013年的百年庆典上居然还有3家参加过1931年第一届

图22 最佳花园技艺奖——“日本园”

图23 紫叶生菜与熏衣草组合

图24 花园内自然、淡雅的花草配置

图25 花园内自然、淡雅的花草配置

图26　百年老店Blackmore & Langdon苗圃

切尔西花展的“百年老店”。他们分别是：Blackmore & Langdon，这是一个3兄弟经营的第四代家族苗圃，主营大花飞燕草和球根秋海棠；Kelways Nursery苗圃始于1880年，以其特别的芍药最为著名，主营芍药、唐菖蒲等切花以及宿根花卉和蔬菜种子；McBean’s Orchids 创建于1879年，主营热带兰花。

切尔西花展的花园展示场地虽然是免费的，但是所需要的材料、展品、人工费等全部为自费，每个参展花园景观作品场地面积虽然只有50平方米，但投资约需25万英镑，多的甚至达50万英镑。当然，由于切尔西花展的品牌效应，花园参展商会找到相应的赞助商，几乎所有的参展花园都有赞助商的加盟。这种资源的有效搭配，给了切尔西花展经费上的保障，同时也将花园文化延伸成社会活动。为力求展品精益求精，每年的参展花园景观作品都是经专家从上一年提出参展申请的项目中初评50个，再从中优中选优，最终确定哪些作品能够展出。因此每年的切尔西花展都荟萃了世界花园的景观精品。这也是切尔西花展与我国花展许多的不同之处。我国的花展规模大，展期长，有的长达半年之久，而且大部分筹建时期太短。而切尔西花展虽然展区面积小，持续展期仅5天，但参展商至少需要18个月的准备时间。

无论是苗圃的花卉产品展位，还是各个展示花园都安排了无数的志愿者，这些志愿者有花园业的专业人士、花卉的民间组织的成员，也有意识地安排了些少年儿童。他们的职责是热情地为入园的游客服务。他们可以随时回答游客的问题，更多是同游客们交流，分享着花卉产品养护心得和花园艺术的魅力。这种志愿者和游客的交流场景散落在花展的每个区域，构成了切尔西花展又一道独特的风景线，形成了浓浓的花园文化氛围。

七、皇室、名流将切尔西花展推上艺术和时尚的潮流，大众游客将花园艺术形成了文化

1931年的首届切尔西花展上，尽管国王和皇后没有出席，但爱德华的遗孀亚力山德拉王后成为花展的首批游客。作为英国皇家园艺学会的赞助人，切尔西花展是英国皇室日历上的固定活动之一，英国女王伊丽莎白二世、王储查尔斯和其他王室成员几乎每年到访，总是切尔西花展的第一批游客，由此拉开花展的序幕。紧随其后的是各国众多的社会名流、政商界精英及影视体坛中的大牌明星，他们都纷至沓来观花赏景。因而，切尔西花展是伦敦夏季社交活动的重要组成部分，是社会名流、政商界精英们社交的舞台。说到名人，这里有个故事。1978年坠入爱河的克林顿和希拉里手牵着手漫步来到切尔西花展，他们被这个花展深深折服。突然，克林顿突发奇想，含情脉脉对着希拉里说，让我们的第一个孩子以这个花展为名吧……14个月后，他们的第一个孩子出世了，克林顿和希拉里遵守了当时的诺言，把孩子取名为切尔西·克林顿。2002年5月21日，在英国牛津大学读书的美国前“第一女儿”切尔西专程和男友一起参观了一年一度的切尔西花展，颇有点“寻根”的意味。据了解，2011年共有16个国家650多名社会名流、政商界精英入园参观。每届花展由BBC全程电视报道，加上各类媒体的宣传，使得切尔西花展具有极大的影响力。游客们在赏花的同时可以欣赏今年英伦名流贵族的时尚潮流。

皇室、名流为花展聚集了极高的人气和时尚的潮流，但丝毫没有动摇切尔西花展的宗旨。切尔西花展是迄今为止结合社会资源来推动花卉园艺和花园艺术最好的花展。笔者对此的感触尤为深刻，一个成功的花展离不开真正的对花卉植物由衷热爱的参观者，他们才是花展真正的主体。在切尔西花展上，花园技艺得到了最高程度的尊重，在看到各种花园景观的同时，还能看到到处人潮涌动的壮观场面，无数的普通游客争先恐后地围着不同的花园，有的欣赏着、有的点评着、有的在讨论、有的在询问，个个显得那么专注。在这里可以实实在在地感受到，花卉园艺和花园艺术领域里的水平高低不能用专业和业余来区分。“他们（指普通游客）在谈论花卉植物和花园技术时，一点也不比我们（指从事这个工作的人员）弱”，我的欧洲同行感叹道。在花园艺术领域里民间有着无穷的智慧，潜藏着巨大的创造力。我们不仅不能轻视它，更不能缺少它。如何孕育这种花园文化是提高我国的花卉园艺和花园水平必不可少的要素。一个花园王国离不开大众的花卉消费者，花园环境是高品质生活的重要组成部分。当花园艺术要成为一种文化时，我们好像能明白那个花园的王国不是一朝一夕形成的，而是有了百年的“老店”，百年的花展，花园艺术就成了人类文明的遗产。

图27 花展上的儿童志愿者

图28 花展上专业志愿者与游客交流

图29 人潮涌动的游客

图30 人潮涌动的游客

原来花园可以那样抒情

——品味切尔西花展金奖作品“时光倒映”

撰文／林小峰

上图 “时光倒映”花园一角

图1 花园设计师Adam Frost，以激情与创新的设计闻名，2012至2014年连续获得金奖三连冠

花展对于国人如今已经司空见惯，且不说每年的各地各种花展争奇斗艳，各类省级、国家级、国际级的园林展、花卉展也让人目不暇接，就是现在世界上的各种花展也可以看到中国的追花人。奇花异草、林林总总；景观小品，琳琅满目。美景大多化作各类影像制品，以好看为主体，以好玩为伴生品，以各种媒介形式进行了储存、交换、展示，以谈资进行了传播，我们习以为常的就是这么多功能吧。

“花园不仅可以用眼睛去观赏，用口去传播，还可以以人为主体，用脑去思考，用心去体会，用身体去感受！”这是2014年切尔西花展金奖作品“时光倒映”给游客的深刻打动与深度启示。

“时光倒映”位于切尔西花展户外特展区，花园不大，占地仅250平方米，除了跟别的花园一样的树木葱茏、流水潺潺、鲜花娇美、施工精细外，总觉得花园有种迷人的魅力，看得见，摸不着。但这个小巧花园却如同绿色磁铁一般紧紧吸引大量观众，围挡周边始终有里三层外三层的游客，并一举获得2014年切尔西花展花园金奖。在与设计师交流、研读设计说明后，才真切感受到花园的精妙之处。

一、发自真情，立意高远

首先介绍下花园设计师Adam Frost，他是英国著名的设计师，正值年富力强，设计的花园作品以激情与创新而闻名，从2012至2013年都是切尔西花展花园金奖的获得者，加上2014年已经获得金奖三连冠。他充满感情地告诉笔者，他为什么以“时光倒映”为主题来设计这个花园。非常重要的原因是他的父亲

1

刚去世不久，他常常回忆与父亲相处的时光多么难忘，却那么短暂，因而那么珍贵，时光如果可以倒转该多好。他以一个艺术家与社会学家的眼光敏锐地观察到，现在社会节奏过快，人人疲于奔波，追名逐利，反而忽视了生命中最宝贵最重要的东西。“是时候停下来了！”Adam在设计说明向广大观众呼吁，“停下来，和家人与朋友一起，享受与记忆生活中最重要的东西。”这个创意振聋发聩，直指人心，因而引起所有人的由衷共鸣，可以说作品从设计师构思时就已经成功了，因为这个真情的呼吁不分国界、不分阶层、自在人心。

二、技艺高超，细腻生动

仅仅立意高是不够的，还要通过园林手法来传导表达。本作品总体调性是亲切自然、精美婉约，恰如我们生活中最重要的亲情友情。在小小的园子里，规则与自然、硬装与软景、水体与实景，被设计师拿捏得驾轻就熟，恰到好处。

颜色上，黛绿色的绿植，赭黄色的橡树木椅，象牙黄色铺装，蟹青色的铜质水槽，统一在清雅这个格调上。

节奏上，硬材质以切分互换的节奏交织交错，可以让人细细品味设计者暗示“你中有我，我中有你”的含义；软质材质的植物

图2 规则与自然、硬装与软景、水体与实景，被设计师拿捏得驾轻就熟，恰到好处

图3 不同的材质统一在清雅这个格调上

图4 软硬材质以“你中有我，我中有你”的节奏交织交错

图5 步石的布置，大就用小来对比，硬就用柔来柔化

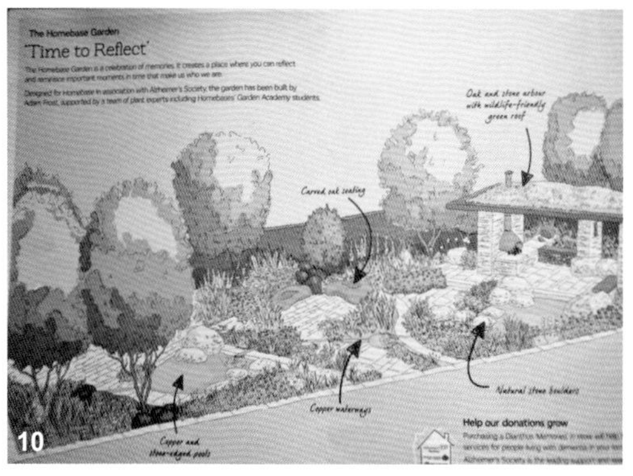

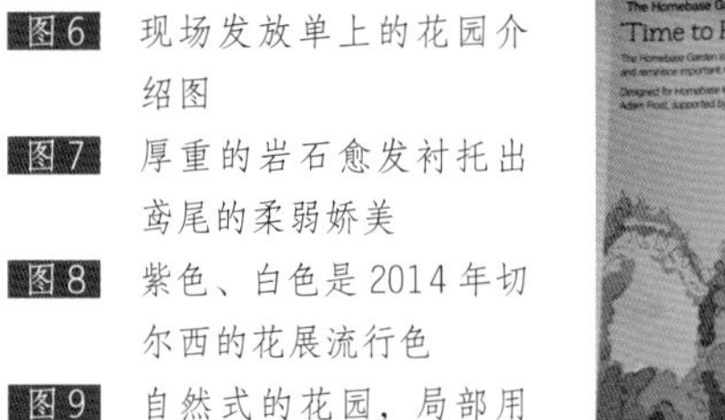

图6 现场发放单上的花园介绍图

图7 厚重的岩石愈发衬托出鸢尾的柔弱娇美

图8 紫色、白色是2014年切尔西的花展流行色

图9 自然式的花园，局部用硬质景观，线条硬朗，非常醒目与现代

图10 设计师的手绘效果图

图11 说明书上的劝募提示，白色的康乃馨与设计主题呼应，被命名为“记忆”

图12 花园中的景观

在配置时候使用了重复、变奏、替换手法，仿佛在书写一首记忆的歌。

层次上，大协调小对比这样高难度的相互层次关系处理得举重若轻，厚重的岩石愈发衬托出鸢尾的柔弱娇美；大面积用自然花草，亲切宜人，局部用硬质景观，线条硬朗，非常醒目与现代，不落俗套。

三、爱心独具，超越凡俗

本园不仅仅是视觉优美，更感人的是并不是简单说教，而是身体力行地帮助他人，奉献社会。根据花园说明书上的劝募公告，设计师与赞助商特别售卖一款命名为“记忆”的白色康乃馨，不仅与设计主题呼应，劝募所得用于帮助英国社区老年痴呆症的患者。花园现场发放设计说明书的帅哥，是园艺学校的学生，他们也是设计师指导的学生，他希望以这个形式吸引游客与年轻人加入园艺与公益这个可以完善自身、兼济天下的美好事业。

看了“时光倒映”，不同于观赏一般的花园，心灵受到震撼，情感受到洗礼，收获了感动与美好，但更多的是深深的启迪与思考。我们现在无论是规划、建设、管理，还是我们的家庭、情感，节奏匆忙局促，结果粗糙乏味，留下一个个遗憾，无法修补。如果一个花园，能在物欲横流的滚滚红尘中，让身心疲惫的现代人修身养性，珍惜生命的真谛、生活的本真，可谓善莫大焉，功德无量。

12

图13 几种植物在重复、变奏、替换，书写一首记忆的歌

图14 叶形、花色彼此区别又彼此和谐，密而不乱，雅而不俗

图15 园艺学校的帅哥学生现场发放设计说明书，吸引游客与年轻人加入

图16 有绿色屋顶的亭，背后按设计师的安排栽植了橡树作为绿色背景

图17 英国著名的电视主持人与切尔西前主席光临花园

图18 就这个小局部看施工质量，石头、砖头、木头严丝合缝，细腻生动

图19 自然的置石，焦点处小尺度的人工跌水处理，源于自然、高于自然

图20 大面积、小高度、淡颜色、重密植，植物的栽植方式模拟自然

图21 植物并不高档，但用如同花艺般的植物栽植配置，真是把植物的美充分地表现出来了

图22 置石的匠心独运，不仅大小变化，还有水上水下变化，手法细腻

18

19

20

21

22

虞美人的深情述说

——从英国园林艺术界“一战”纪念活动说起

撰文 / 林小峰

上图 虞美人雕塑与喷泉

2014年正值第一次世界大战爆发一百周年，而8月5日正是英国加入“一战”的100周年纪念日，为此，英国地标性建筑伦敦塔举办了大型纪念活动：装置艺术作品“血染大地的红色海洋”，888246枝红色陶瓷虞美人将伦敦塔包围，并从塔上倾斜到地面，花朵代表并纪念着在“一战”中身亡的士兵，给人带来强烈的视觉冲击感。在欧洲，虞美人象征着美丽、纪念，是一个关乎牺牲、爱、尊重和怀念的主题，亦被视为“缅怀之花”。由陶瓷艺术家保罗·康明斯和舞台设计师汤姆·派珀联合打造。从8月5日到11月11日，来自英国各地的超过8000名志愿者将在这里“种植”陶瓷虞美人，剑桥公爵、威廉王子及王妃，以及哈利王子都将来此“种植”，以此纪念“一战”。而最后一朵，也就是第888246朵陶瓷虞美人将于2014年11月11日休战纪念日种上。除了欣赏之外，只需25英镑你就能把其中一朵造型精美的陶瓷虞美人带回家，每朵陶瓷花售价的10%将作为善款捐给6家慈善机构。一些艺术家还在广场置放冰人雕塑，冰人不断融化代表生命的流逝，以此为念，缅怀先人。

第一次世界大战发生于1914年7月28日至1918年11月11日，世界大多数国家被卷入。共6820多万人参战，其中880多万人来自英国及英联邦国家；战争中两大阵营伤亡、失踪者共近3900万人，造成的损失按当时币值约为1700亿美元。

英国官方为纪念“一战”推出了为期4年的百年系列纪念活动计划，将在全英陆续展开总计2000多场纪念活动，包括各种展览及表演等。有关“一战”的主题展览将在逾1800间博物馆、画廊、旅游机构以及政府部门的相互协作之下展开。主要活动包括：位于伦敦的帝国战争博物馆将在耗资500万英镑建成的画廊里举办有史以来最大规模的“一战”相关物品展；朴次茅斯皇家海军博物馆举办耗资430万英镑的“一战”专题展览；伦敦巴比肯艺术中心由英格兰国家芭蕾舞团上演的反映“一战”的剧目以及反战舞台剧，还有一场“一战”航空展。此外，还将陆续发行700多种数字出版物，包括电子档案、游戏、音频、视频以及手机程序等。

在这样大的历史氛围中，2014年的切尔西花展中“一战”主题也非常引人注目，下面分别分室外与室内各举一例。

在切尔西花展目不暇接、美轮美奂的室外景点中，一处景点与众不同，它的主体不是精美雅致的园林，而是一个乡下简陋粗放的花盆生产场，这样的景点居然最终获得室外景点金奖！根据照片与介绍，游客可以得知这背后传奇的故事。原来这个花盆厂有着悠久的历史，但在一场大战中，许多工人被应征入伍并走上硝烟弥漫的战场，万幸的是他们都活着回来并继续重拾老本行，更让人惊喜交加、唏嘘不已的是这个已愈百年的花盆厂现在还在！园林设计师是根据这个真实的故事，用艺术再现了花盆生产的过程，包括烧花盆的窑，当然加入了毛地黄、飞燕草、漏斗菜、铃兰等草花，让它回归了花园。许多游客被这个故事打动，也感念于设计师的人文情怀，这个景点自始至终人流如织，在与精细秀美的日本景点、异域风情的阿拉伯景点的竞争中脱颖而出。由此可见，园林艺术具有镜像社会与直指人心的力量。

在切尔西花展姹紫嫣红、美不胜收的室内展品中，出现了真实的坑道，立体花坛做的飞机、战马、火车，炮弹式样的水景，这样一个景点在一片花海中显得那么独特。原来这也是纪念“一战”的景点，景点的主体是铜质的虞美人雕塑。在立体花坛做的火车上雕刻着红十字和“伯明翰市”的字样，因为根据历史记录，伤员就是通过火车前往伯明翰。现在伯明翰建有城市战争纪念堂，这是在3.5万伤残将士的倡议下，为缅怀12320位阵亡的伯明翰籍战士而建。景点中特地复原了战士的坑道，让游客可以亲自体验。这些用树枝、沙包搭建的战壕、残存的兵器弹药、“一战”士兵的服饰、坑道内的小老鼠雕塑，一下子就把人带入一百年前战火纷飞、血肉横飞的残酷战场与恶劣的生存环境，与周边美丽的花卉环境形成强烈对比，告诉人们战争的可怕与和平的可贵。这个景点也反映出随着园艺展示水平的多样性，园艺具备了和其他艺术类型一样的表达能力。

虞美人怎么会成为“一战”纪念花？这有着美丽的故事。虞美人是一种生命力很顽强的植物，在英国各地，只要天气不是太冷，很容易在春天的农田草地边看到它们艳红的花瓣，其他西欧国家也是如此，经常在最近翻耕过的土地上，发现虞美人。第一次世界大战期间，困守战壕的协约国军队士兵们，经常在炸开的弹坑里、新挖的坟地边看到虞美人花，鲜花不知有战争，依旧美丽绽放，这给心理压力极大的将士以情感慰藉，

图1 用立体花坛表现运送伤员的列车，车身上刻着红十字和“伯明翰市”

图2 “一战”时的飞机，用立体花坛表现，配上缤纷的花卉，回归到园林景点

图3 乡村花盆场的老照片，上面的工人参加了“一战”，幸运的是活了下来。

图4 坑道里面的“一战”士兵服饰

图5 坑道内的小老鼠雕塑，说明当时条件的恶劣

许多士兵还把战场上的虞美人花夹在书信中寄回家。让虞美人花与阵亡将士紧紧联系起来的，是一首由加拿大军医、诗人约翰·麦克雷1915年在比利时战场上写下的名为《在佛兰德斯战场》的诗。当时他刚刚掩埋了阵亡的好友，看到坟边新土上绽放的虞美人花，心情激荡，写下了这首诗，一时诗歌得以在战区传扬。

三年之后，在美国海外战地服务队总部工作的莫伊娜·迈克尔在杂志上读到这首诗后，同样心情激荡，杂志上的虞美人附图让她忽生灵感，有了用虞美人花作为标志纪念阵亡将士、鼓励捐献的念头，从此迈克尔走上了推动虞美人花标志的道路。对此有重大贡献的还有法国人安娜·介朗，她的社会关系更多，活动能力更强，她在法国北部让受战争影响的妇女儿童大量制作虞美人花，然后给美国的退伍军人组织，再由这些组织把虞美人花送给那些捐款人。这种让虞美人花成为“捐献”而非“购买”标志的举动，成了今后世界各地慈善机构募捐活动的常规。在她的奔波推动下，英国、加拿大、澳大利亚、新西兰等地相继确立了阵亡将士纪念日，并以佩戴虞美人花作为标志。后来这两人同被称为“罂粟花女士”。

当然这名称其实是场误会，因为他们说的“罂粟花”与我们说的其实不是一种植物，用来提炼鸦片的罂粟在英语中叫Opium Poppy，干枝高，开花大，有红、白、粉等多重颜色，有很大的蒴果；而上面说的“罂粟花”在英语中叫Corn Poppy，中文名其实是“虞美人”，干枝低，花瓣通常单薄而呈艳红，和鸦片没关系，两种花是同属不同种的植物。

中国是两次世界大战的受害国，遭受的苦难蒙受的损失无法统计，我们只好经常用一连串的数字来体现战争的残酷性。但是在很多情况下，这些冰冷、毫无生气的数字无

图6 藤编战马、铜质虞美人雕塑、水炮喷泉，立体花坛火车，用园艺手法再现战火纷飞的场景

法真正表达对生命的敬重以及牺牲的意义，特别是在当今社会，面对在数字化、娱乐化环境中成长的青少年，仅仅用这样的说教无法令他们为之动容。而外国的纪念活动把“虞美人—活动—先烈鲜血—大战—和平”进行了无缝连接，以艺术人文的园艺来表达，自然亲切，这可能是个最好的选项。它让记忆有了载体，让情感有了归宿，让关注得到了表达。这样有情有理、入脑入心的方法我们应该学习借鉴。

最后附上加拿大军医、诗人约翰·麦克雷的原诗（当然，正如上面说明，这里英文中提及的罂粟花其实是虞美人，中文翻译时候已经修正）。

In Flanders Fields
在佛兰德斯战场
By：John McCrae
约翰·麦克雷

In Flanders fields the poppies blow
在佛兰德斯战场，虞美人花随风飘荡
Between the crosses, row on row,
一行又一行，绽放在殇者的十字架之间，
That mark our place; and in the sky
那是我们的疆域；而在天空
The larks, still bravely singing, fly
云雀依然在勇敢地歌唱，展翅
Scarce heard amid the guns below.
歌声湮没在连天的烽火里。
We are the Dead. Short days ago
此刻，我们已然罹难。倏忽之前
We lived, felt dawn, saw sunset glow,
我们还一起生活着，感受晨曦，仰望落日，
Loved and were loved, and now we lie
我们爱过，一如我们曾被爱过。而今，我们长眠
In Flanders fields.
在佛兰德斯战场。
Take up our quarrel with the foe:
继续战斗吧：
To you from failing hands we throw
请你从我们低垂的手中接过火炬
The torch; be yours to hold it high.
让它的光辉；照亮血色的疆场。
If you break faith with us who die
若你背弃了与逝者的盟约
We shall not sleep, though poppies grow
我们将永不瞑目，纵使虞美人花依旧绽放
In Flanders fields.
在佛兰德斯战场。

切尔西花展的新锐设计师花园赏析

撰文 / 林小峰

上图　倾倒的石景，反映设计者的自己想法

图1　第一个景点花坛内外栽植的高差没有处理，显示出植物配置上考虑不够周全

图2　第一个景点的花岗岩切片处理，比较酷

切尔西花展作为国际最知名、水平最高的花展已经办过整整一百年了。一个花展的成功当然有社会的支持、主办方的能力、行业的成熟、游客的喜爱、商业的成功等因素。而其中一点是我们一直忽视的，就是对年轻从业人员的培养，这点我们可以从2014年切尔西花展的新锐设计师花园中看出端倪。

切尔西花展除了给成熟的设计师留地块做主题展区、给境外设计师留有专区外，还专门给年轻、有才华的景观设计师辟出专门区域，分成约十块左右大小不等的场地，供他们设计与完成。同时，特别拨出专门经费进行补贴建造费用，体现了对年轻一代的关怀。而年轻一代的青年才俊们在这样的氛围中进步神速，得以脱颖而出。下面举四个不同类型的案例。

第一个景点是家庭园艺，相对大胆运用石景，虽然在细节处理上可以看出经验的不足，但瑕不掩瑜。

1

2

图3　第一个景点的构筑物

图4　第一个景点的置石局部

图5　第一个景点的全景

图6 第二个景点北边全景

图7 第二个景点南边全景

图8 第二个景点的花境，高度适宜，色彩柔美，雅致耐看，反映设计师对植物的稔熟

图9 第二个景点的趣味视觉处理，独具匠心，反映设计师的成熟

图10 第二个景点，细节处的植物配置一丝不苟，生动细腻

图11 第二个景点竖向设计节奏感，对比与协调问题处理得干净轻松

第二个景点类似办公区域的小花园，水景、植物配置、立体绿化、园林小品处理精妙，无论是对比与协调、还是硬景与软景，都妥当细腻，即使是难度大的花境也驾轻就熟，反映了这位青年设计师已经非常成熟，明年完全可以与高级设计师们并驾齐驱，平起平坐了。这样的舞台给设计师搭建了一个走向社会、走向世界的大平台。

6

7

8

9

10

第三个景点是以雕塑为主的空间。雕塑的想象力与表现力出乎意料的好，反映了年轻人的活力朝气以及不甘平庸、不受约束的创作激情。

图12 第三个景点的雕塑，用铁制品做出惟妙惟肖的人体，质感肌理超酷

图13 第三个景点的全景，反映了年轻设计师天马行空的想象力

图14 第三个景点的雕塑，反映年轻设计师打破束缚、超越自己的渴望

第四个景点是乡村风格，不尚奢华，野趣天成，园林手法含而不露，轻松自如，代表了年轻一代崇尚自然、返璞归真的田园理想。

这些新锐设计师的花园风格迥异，却都雅致美观，深受游客好评，给他们的职业生涯带来非常好的影响。切尔西花展组委会的这个安排显然是经过深思熟虑的，这对花展的长久发展是非常有益的尝试，具有战略眼光。

我们的花展常常会不惜重金聘请国内乃至国际的名家专家，这也无可厚非，但给年轻人脱颖而出的机会，更加需要与迫切。就像英国皇家园艺学会不惜工本，拿出在切尔西花展入口处最好的广告位，设立了面向青年一代的大型公益广告那样，呼吁与召唤年轻人加入园艺行业。也只有这样，我们的风景园林事业才能人才辈出，生生不息。

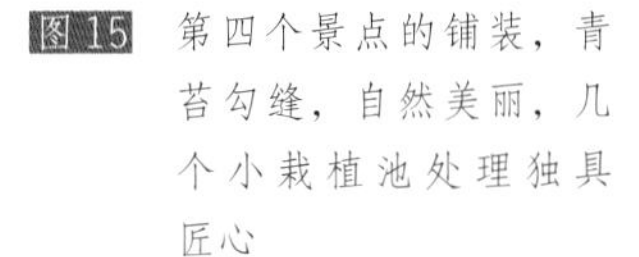

图15 第四个景点的铺装，青苔勾缝，自然美丽，几个小栽植池处理独具匠心

图16 第四个景点的田园生活场景展现

图17 第四个景点的内景，自然亲切，不尚奢华

图18 第四个景点的绿色建筑

高度专业与深度商业嫁接的美丽产物

——切尔西花展成功的根本秘诀之一

撰文／林小峰

上图 绝对专业的紫色花系列搭配，使得雕塑更有质感

切尔西，切尔西，5月份切尔西这个词炙手可热，这个时间段业内都知道这是指切尔西花展，而不是足球队。这个号称全世界最高水平的园艺展离中国人越来越近了，你可以在微信里看到花展的不同版本反复被刷屏点赞，你还可以在切尔西花展现场看到不少同胞同行，仅仅2016年5月26、27日我们知道的就有十多个国内专业团队去观摩，其中还包含了为2019年中国国际园艺展的筹备团队。我们发现，2016年现场的中国专业观众和国内媒体的曝光量大大超过2014年。

众所周知，始于1862年的伦敦切尔西花展是世界上最负盛名的花展。它的成功首先是专业品质的出类拔萃：巧夺天工的花园设计美轮美奂，丰富多彩的植物品种叹为观止，精美绝伦的园艺产品更是让人爱不释手。切尔西花展为期5天，其中2天只对英国皇家园艺学会会员开放，公众只有3天参观时间。展出面积仅4万平方米左右，只有上海植物园的二十分之一大小，却吸引赏花者超过16万人次。现场观众摩肩接踵，2016年已经采取了单行道，可见密度之高。由于人气太旺，花展不仅需要提前半年订票，票价从原来的30英镑已经涨到2016年的61英镑，伦敦“黄牛”更是将其炒到数百英镑，而且还是一票难求。花展高度的专业性毋庸置疑也无需多言，然而，透过花展鲜丽的表面，我们还要探究展览背后商业运作的巨大支撑。

切尔西花展由英国皇家园艺学会主办，学会成立于1804年，最初名为伦敦园艺学会，1861年阿尔伯特王子授予其皇家宪章后更名为皇家园艺学会。学会本身是一个慈善机构，其宗旨是资助教育计划和科学研究，促进园艺发展，并为会员提供援助。而投入一个全世界最高水平花展需要最高水平的设计师、建造师、供应商、运营商，无法统计的人力物力财力，天文数字的投入没有财政拨款，光靠门票难以为继，钱从哪里来啊？老牌资本主义的积淀和运筹帷幄把这件天大的难事弄得举重若轻。

一、上层路线引领潮流

英国是君主立宪制，女王是国家元首，但实际最高行政首长是首相。女王虽然仅仅扮演仪式性的角色，然而王室是国家与民众

的精神领袖，一举一动举足轻重。王室还起到对社会导向的决定性作用，仅举一例：当年戴安娜王妃怀孕，不得不穿上孕妇服，结果英国满大街的女性不论婚姻状况竞相效仿，因此成为流行服饰。女王从1949年起，几乎每年出席花展，已经来了52次！极大地提高了花展的规格。在她的身体力行下，王室成员都是花展的忠实粉丝：查尔斯王子本身是个高水平的园艺达人，自己打理的花园让人叹为观止；威廉王子和凯特王妃以及哈里王子一个个都是花展常客。整个王室带动了全英格兰乃至英联邦的爱花风潮。

英国皇家园艺学会也顺水推舟，投桃报李。2016年恰逢女王90岁生日，花展大打王室牌。大门口就是庆祝女王生日的花拱门，这个华丽的皇冠鲜花拱门由顶尖的花艺师Hane Connolly设计。所有的鲜花是由英国种花人自愿捐献，并由来自各个园艺学院的学生搭建而成。花展室外大幅宣传栏把女王从1949年到现在几乎每年来观展的照片都贴了一遍，这样的花展最佳代言人真是可遇不可求哇！在花展室内，2016年花展最吸引眼球的作品之一是名为“每个伟大的园艺师背后”三米高的女王头像叠影，层层镂空的墙体间摆设了不同色系的花朵，这耗费了112个花篮、10000朵鲜花以及300米长的丝带，成为室内展馆最吸引人的亮点。皇家园艺学会连王室第四代的文章也在做，今年一款菊花新品种就以目前英国人气小公主夏洛特·伊丽莎白·戴安娜名字来命名，这款菊花绿中带粉，极其符合小公主天真可爱的模样，菊花的销量可想而知，带来的话题又可以上头条了。

二、重要财团支撑门面

5月底，你在伦敦大街小巷都可以看到“M&G”的字样，不要惊讶，这是英国最大、历史最悠久的投资公司之一，负责保诚集团在英国和欧洲的基金管理业务，这个大企业连续第6年作为主赞助商捐助切尔西花展。同时，公司每年挑选一位世界著名的景观园艺师来创造一个“M&G庭院”。当然，每年赞助金额不菲，高达几百万英镑合数千万人民币，这个数字对于管理的资产达到2000亿英镑的M&G公司来说非常划算，与举办这么多年、这么好水平、这么高档次、这么大数量游客、这么多曝光率的盛会合作，宣传效果着实物有所值。他们也非常有心地给每个游客赠送含“M&G”字样的拎袋，这样伦敦中心满是成千上万给他们义务宣传的模特。

一个主要赞助商皇家园艺学会还不过瘾，他们搭建了一个VIP区，有不到20个豪华帐篷组成，每个公司一个，位于花展僻静一角。每年在花展正式开幕前夕，于英国女王参观之后开始的切尔西盛装之夜，到场的国际公司的首席执行官和董事长人数，超过了当年其他任何一次社交活动，也就是说是伦敦上流社会档次最高的派对，而且是收钱的。能进入20家短名单的各家企业不仅要付高额的赞助费，邀请的客人还要付每人高达700英镑的代价（要知道另外一个皇家园艺学

图1　花展室外大幅宣传栏把女王从1949年到现在几乎每年的照片都贴了一遍

图2　以公主夏洛特·伊丽莎白·戴安娜名字来命名的菊花新品种

图3　人手一个赞助商的免费袋子是这个时间段最时尚的包包，成为街头一景

会旗下的玫瑰花园门票只有9英镑），邀请客户、关系户以及热门潜在客户来这里闲聊、做生意，顺带观花，美好的环境也有利于商务洽谈。令人惊讶的是，一家公司购买的门票越多，英国皇家园艺学会对每张门票收费就越高。即使条件如此苛刻，各企业依然认为，为了能够参加这个全世界最好的花展，付出如此高昂的代价在所不惜，关键还是物有所值。2015年9月份，门票刚刚开始销售便在几小时之内被抢购一空，失望的申请者只能在等候名单上也排起了长龙。对于组委会，盛装之夜为一个有关野生园艺的慈善项目就可以筹集180万英镑！来年园艺学会日子也好过了。其他的财团拿不到总赞助与进入短名单，也要赞助一个花园，所以现场可以看到GUCCI、LG、银行、电力等大集团的冠名。学会成功地把自己打造成商业公司的高门槛与高标准，给社会一个强烈信号：能赞助切尔西或者在切尔西花展有VIP帐篷的简直就是商业领袖与人生赢家。

三、社会名流参与造势

有了公司帮钱场，还要有人帮人场。除了各大电影节与服装秀，切尔西花展是能轻而易举看到明星的一个契机。从扮演福尔摩斯的卷福到007中的当红巨星纷至沓来，而且基本上举家前来。喜欢八卦的英伦民众与媒体怎可放过这个千载难逢近距离接触巨星的机会。对于明星来说，不去切尔西意味着不喜欢园艺，不喜欢园艺等于向观众宣布自己没有品位，这会影响公众形象的，因此是万万不可的！对于普通民众，上述的公式也是成立的，所以虽然票少、时间短，也是一定要争着来看花看明星的，这也可以作为社会交往的谈资。

四、媒体宣传渲染气氛

切尔西花展只有短短5天，一票难求，大量的国内外观众还是得通过媒体了解花展盛况。现场包括BBC在内的媒体安营扎寨，著名主持人，特别是有名的园艺节目主持人（他们在英国人心中也是明星）纷纷披挂上阵，

图4 拱门由顶尖的花艺师Hane Connolly设计
图5 VIP专区入口
图6 VIP区域的花卉装饰也要到位，贵宾都是园艺爱好者，不能将就
图7 华丽的皇冠鲜花拱门
图8 绅士名媛边赏花边在VIP区域聚会，是上流社会的交际手段
图9 花展VIP区的庭院

图10 英国最大的传媒BBC现场直播花展

图11 英国人看花最痴迷，根本顾不上绅士淑女形象

图12 花展时设计师最牛，是主持人的座上宾

天天全方位、多角度进行现场直播，造成影响力越来越大，也更加有利于招商。

组委会还善于捕捉新闻热点，2016年是奥运会年，花展组委会还以主办地里约热内卢为灵感开展了“盛开的切尔西”嘉年华活动。除了切尔西花展内部有运动的景点外，还发动商业店铺门前和街道装饰五彩斑斓的园艺作品，许多橱窗布置非常有创意。

五、商品销售跟进推动

观看切尔西花展至少需要一天时间，所以花展设有专门的餐饮区且档次分明，让人各取所需，而整个切尔西花展所有的早、中、晚餐企业娱乐项目都被预订一空，商家早就落袋为安，做起生意自然眉开眼笑。花展的园艺产品销售区可不是简单物品堆放的大商铺，商家会不惜重金请高水平的专业设计师与建造商，跟景点一样进行细心打理，出来的效果跟我们以往展会上物品与广告堆砌的效果迥然不同。衍生纪念品的小商铺鳞次栉比，商品琳琅满目，但是组委会全部经过严格筛选，商品一定是与花卉或植物有关的，一定要精心布置。在这里花钱买东西是享受，每个游客都不会空手而归，甚至有中国游客买了水管工具千里迢迢扛回国。所有商家也赚得盆钵满贯，更加要早早预定来年花展位置。自然，摊位费又是组委会的一大收入。

我们曾经当面问过花展主席，这样世界著名的花展为什么仅仅开5天，不可以多开几天吗？他回答是为了保证每一棵植物都是最好状态，后场是按1∶3准备的，时间再长，人力物力就难以应付了。相信他们一定是测算过性价比，当然花展时间短本身也是一种饥饿营销。

皇家园艺学会会非常妥善地使用资金，该花的钱绝不吝啬，对著名的设计师、年轻的从业者、后备园艺学徒给予有力的资金支持与奖励，从而保证专业性。他们一定想明白了，所有的一切目的是保持花展的世界一流性，有了这个结果赚钱是伴生品，而不是唯一目的。所有商业都统一在园艺的范畴中，决不让其喧宾夺主，非但没有给花展添乱减分，有的还形成加分因素。当所有一切环节都形成良性循环的时候，切尔西花展本身带来250万英镑的纯收

图13 卖雕塑的商铺把自家做成了小花园

入这样惊人业绩就是水到渠成的事情，成为叫好又叫座的经典花展案例。

长期以来，我们园林园艺领域对商业研究不够，一统就死，一放就乱。我们的花展现在主要是靠政府财政投入，体制内专业队伍支持，收入渠道非常单一，主要靠门票收入，难以长久为继。比方说现在的粉丝经济、互联网众筹如火如荼，还有加大花展的事前策划与事后运营力度，我们园林人完全是可以尝试下的。实事求是地说，从设计上我们已经基本上可以追上世界的平均水准，但是其他还有不少环节亟须提高，例如：花卉品种质量与种类的匮乏；从业人员的素质；现在大量会展的无序摊点、劣质物品跟切尔西花展独特、别致、新颖的园林艺术产品更是无法相提并论。这些需要时间，也特别需要经费。仅仅靠纳税人的税金杯水车薪，特别要借鉴他国先进理念与成熟的经验，加大商业运作，找出一条专业与商业相得益彰的成功道路。大道至简，有了足够费用不一定都做好，没有足够费用却一定都做不好。

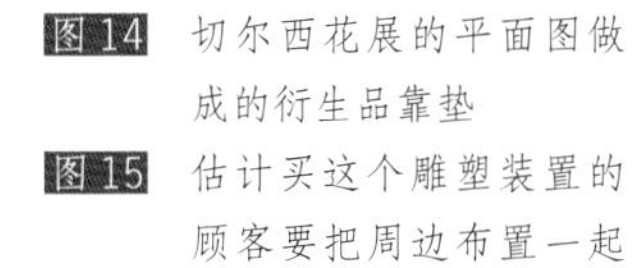

图14 切尔西花展的平面图做成的衍生品靠垫

图15 估计买这个雕塑装置的顾客要把周边布置一起买走，太惊艳了

图16 如此专业的搭配不是在展示花园，而是在摊位

图17 这个店主不仅把商品装饰了，把自己也用鲜花装饰了

图18 这个销售花卉衍生品的商铺，本身装饰就充满艺术氛围

图19 室内花展的奥运会元素

图20 就是一个卖活动房的展馆，门口的花园也都精巧细腻极了（摄影 夏玲玲）

图21 雕塑与环境融为一体

花卉品质，从重要到主要

撰文／林小峰

上图 姹紫嫣红的高品质花卉组合

图1 以水葱为主体的大型花艺

图2 各种水生植物与水景的结合

图3 号称藤本皇后的铁线莲难伺候是有名的，但竟然可以有这样的品质

图4 每朵百合都比手掌大

图5 地被玉簪的品种

图6 六出花色彩斑斓

图7 一样大小的矮生向日葵

图8 天竺葵，国外开发的系列品种奇特到让我们怀疑自己的眼睛

图9 观赏草也很细腻

改革开放30年来，我国风景园林事业取得前所未有的大跨越式发展。无论是纵向还是平行来看，目前我们造园理念、设计手法、风格形态、技术创新等取得了举世瞩目的长足进步，不少项目的水平已经跟国际水平不分伯仲、各有所长了。然而，花卉品种、特别是品质问题就变得尤为突出与急迫，尤其在对比了国际一流的切尔西花展后。看看本文所附图片就会知道，这已成为我们与国际水平最大的距离。

我国地大物博，自然条件丰富多样；特别是中生代和第三纪被子植物发生及发展的时期，一直是温暖的气候；第四纪冰川时我国没有受到北方大陆冰盖的破坏，只受到山岳冰川和气候波动的影响，基本上保持了第三纪古热带比较稳定的气候。因此，我国的植物资源十分丰富，是世界栽培植物八大起源中心中最大的中心。全世界已知的有花植物约27万种，中国约有2.5万多种。在北半球其他地区早已灭绝的一些古老孑遗类群中，仍在中国保存至今的有银杏、银杉、水松、金线松、珙桐、连香树等。

我国花卉资源更是十分丰富，奇花异草数不胜数。例如杜鹃花，世界上原种数约为800种，而我国则占了约650种；山茶花全世界约220种，而生长在我国的则有195种；在近500种报春花中，我国占了约390种。我国的花卉资源经过多种渠道流入世界各地，为丰富世界的园艺作出了很大的贡献。16世纪以后，我国大量的花卉资源传入国外，欧美自中国花卉引进后，很快改变了原来的面貌，因而国外往往把到中国采集花卉资源称为挖金。自1899年起，有一个名叫亨利·威尔逊的人先后5次来中国搜集栽培和野生花卉。在长达18年的时间里，他走遍川、鄂、滇、甘、陕、台诸地，共搜集乔灌木达1200种，采集蜡叶标本65000份。威尔逊于1929年在美国出版了他在中国采集的记事，书名就叫《中国，园林之母》，从此，中国就有了“世界园林之母”之称。

英国曾从中国引走了数千种园林植物，因为有不少中国花卉种类和品种具有早花、四季开花、有芳香、特点突出、抗逆性强等特性。在一些专类园或墙园、杜鹃园、

图10 美轮美奂的月季展位

图11 花朵比福建水仙、崇明水仙大很多的洋水仙

图12 红掌、绿掌、粉掌白掌等组成的礼盒

图13 色彩让人眼花缭乱的三角梅

图14 只要有好的花，想做成高冷色调也不难

图15 飞燕草，可以到达这个高度

蔷薇园、牡丹芍药园、岩石园等中扮演主要角色。在欧洲，曾经流传这样一句话：没有中国的花木，就称不上一个花园。英国切尔西花展筹备主席斯蒂芬亲口告诉笔者，切尔西的花卉有一半有中国血统。但是现在问题是“园林之母”的花卉与国际水平差距明显，且这个问题没有得到应有重视。

植物研究、育种，所需时间长、费用大、出成果难，在目前以论文论水平、以官职论能力、以金钱论成功的大背景下，如果没有政府主导、科技践行、人才战略、经费投入、市场参与，很难成功。目前在我国许多高校，植物分类学几乎已成“绝学”，人才青黄不接。由于很难找到可靠的审稿人，我国权威的植物分类学术期刊甚至不得不停止发表藻类分类学论文。根据全球植物保护战略，2020年将建立全球性在线植物志，我国作为具有约占世界1/10植物资源的大国，任务十分艰巨。

我们不得不感叹，对花卉种质资源的掌握以及优良品质花卉的育种工作，任重道远。

图16 品质优异的兰花给植物造型带来的惊艳效果

图17　奇特的独尾花，我们国家有4个品种，却没有人利用开发

图18　菊花是我国传统名花，品种数不胜数，但是独头菊我们做得好，而具有这样整齐度的品质很少见

图19　金链花这样的色彩，真是夺人眼球

图20　各种猪笼草，形象奇特

图21　矾根，国际上非常风靡，我们才刚刚开始用

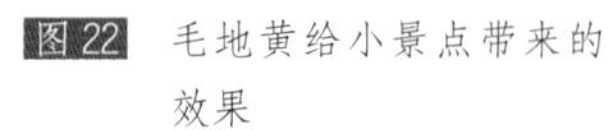

图22 毛地黄给小景点带来的效果

图23 羽扇豆，即鲁冰花。特别的植株形态和丰富的花序颜色，是园林植物造景中较为难得的配置材料，用作花境背景及林缘河边丛植、片植。但是我们的高度色彩和花色目前无法达到这样的水平

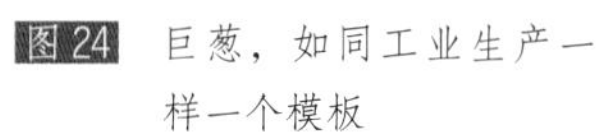

图24 巨葱，如同工业生产一样一个模板

图25 我们司空见惯的马蹄莲，没有想到被国外园艺师培育出这么多品种

图26 紫色系总是有浪漫迷人的感受

图27 绿绒蒿全世界共有49种，主产于亚洲中南部，以我国最为丰富，有40种

蔬菜花园，离生活最近的花园

撰文／林小峰

上图 红色蔬果混搭

“你最近在种什么？”已经取代天气成了伦敦人的问候语。近年这股“田园风”也刮到了英女王的御花园，一块10米长、4米宽的田地被开垦出来，种上了“金色女王”番茄，“皇家”红豆等蔬果，当然它们并非真的拥有皇室血统，但一旦跟王室沾边，这些濒临灭绝的品种便在女王菜园里被拯救得以延续。同时，这也让白金汉宫的工作人员和国宴来宾吃上皇室自家种的有机菜了。其实，英国王室不是第一次种菜了，早在20世纪的“一战”时，“自给自足”的大生产运动就散播在大不列颠的各个角落，“二战”时在女王的带领下全民耕种，开垦一切能开垦的地“为胜利耕耘”。如今，自己种植有机蔬果受欢迎的程度绝对不亚于当年大张旗鼓的气势，只不过当年是缺衣短粮的战争环境，现在衣食无忧了，取而代之的是高速工业发展下城市人难以排解的身心压力，需要通过返璞归真、在农作物与劳作之间得到释放。

为此，一个叫配额地的城市菜园应运而生，这是由政府出租给居民自行耕种的公用地，人人可以登记申请。伊丽莎白一世时代，女皇下令把土地分给贫穷和无家可归的人耕种或饲养动物，于是“配额地”这个词诞生了。1943年，全英约740万户家庭自己种菜，生产出全国十分之一的口粮。战后随着经济好转配额地的需求骤减。而后由于信贷紧缩和食品价格飙升，新的一轮种地热潮随之而来。伦敦地区一年租金根据地的大小从几镑到几十镑不等，费用基本是象征性地收取。由于近年人们对种菜的热情愈发高涨，配额地的需求量暴增，但毕竟僧多粥少，伦敦的菜园几年前就全部客满了。尽管如此，申请者还是锲而不舍。今年起，很多伦敦的菜园改为只接受住在菜园所在地3千米之内的申请者，政府也在网站上发布每个菜圃排队的人数和预计等待时间。等待时间最短的也要4年，最长的预计10年！目前全伦敦有4300人在等待名单上，比十年前多了3000人。不过，一旦熬出头，只要不是自愿放弃便可永久使用。

英国人对园艺的热爱要追溯到罗马时代。现在园艺是年销售额50亿英镑的大产业。每年的切尔西花展是英国的传统花卉园艺展会，也

图1 小小柴门后面藏了一个小巧但是美美的蔬菜花园

图2 十字花科的蔬菜容易栽植且非常有利健康

GREAT
PAVILION
EXIT GP4
Exit to
Chelsea Graze
Food Court
Bank
Tradestands
3
4
5
6

是全世界最著名、最盛大的园艺博览会之一，更被誉为世界上最好的花卉园艺展，已经有150多年历史。园艺师都在这个时候拼尽才华甚至颜值，年年都是盛况空前。转角遇到英女皇，转角遇到前首相，转角遇到CEO、遇到明星都是司空见惯的事情，因为如果这些名流不去切尔西一遭，会被讥笑为没有品位，会被上流社会抛弃的。

切尔西花展由英国皇家园艺学会创办于1862年，最初在肯星顿举行，自1913年起移至伦敦的切尔西地区举办，距今已有150多年的历史。花展分为室内、外两个展区。室内展览在一个巨型帐篷内进行。在这里，首次展出多种最新的园艺珍品，包括育种家提供的新优花卉、优秀的花艺作品以及各式各样的园艺产品。室外展区主要是花园展览，包括展示花园、时尚花园、城市花园和庭院花园四类。里面的花团锦簇到美不胜收是无需赘言的，倒是其中的室内花园内竟然有四分之一是蔬菜花园，比例之高让人刮目相看。

蔬菜花园是以蔬菜为主体，蔬菜与花园的有机结合，观赏（蔬菜植物的叶或花或果）与食用为一体的大小与规模不等的花园。它更多地出现在城市居家的露台、阳台，别墅的院子，也会出现在传统的公园内。蔬菜花园从最初的注重实用，到形成专业性较强的花园，随着广大园艺及花园爱好者的参与其中，呈现出蓬勃发展之势。

从本文所附的英国切尔西花展、新加坡滨海湾植物园中的蔬菜花园图片中，可以发现蔬菜花园的几个特色。

1. 蔬菜花园品种选择有所讲究

讲白了，蔬菜花园里的蔬菜就是植物里面长得好看能吃的，能吃的里面长得好看的。如韭菜、葡萄、油麦菜、罗勒、生菜、水萝卜、生菜、茼蒿、小白菜、芥菜、青椒、茄子、豆角、黄瓜、西红柿、茴香、韭菜、黄秋葵、苜蓿、大葱等等。还有柿子、枣、杏、樱桃、核桃、石榴、香椿、苹果、核桃等小乔木。

其中，生菜观赏性比较好，是叶菜类里最该种植的蔬菜。本身每一棵生菜就像一朵盛开的花，而且从小苗时就可以吃，可以一

图3 蔬菜花园是切尔西花展的重要组成部分，也受到观众的追捧

图4 在英国的私家花园内一般会有一个工具房，这个花园植物配置精细，使得堆放杂物的工具房瞬间变美丽

图5 英国园艺师通过做旧，再现了花园工具房，与毛地黄的生机勃勃形成反差

图6 趣味动物雕塑也可以成为蔬菜花园的局部主景，让人忍俊不禁

图7 毛豆架子代替了小乔木成为蔬菜花园骨架

边间苗一边吃。且生菜最突出的优点是不生虫，不易生虫的还有油麦菜。十字花科的所有蔬菜，像白菜、青菜、菜花、芥菜等，虽然做蔬菜花园也很美观，但是虫害太严重。所以选择不易生虫的种类很关键。当然蔬菜花园里不能缺了香草，像紫苏、罗勒、洋甘菊、旱金莲、百里香、牛至等等，不仅观赏性好、香味独特，还可以用来做西餐配料。生长期长的西红柿、茄子、青椒、豆角、黄瓜等虽然植株比较高大容易倒伏，但因为可观赏采食时间长，是整个夏秋季的主打菜，只要把它们的架子搭得美观一些，看起来也可以别具一格。

2. 要具备花园的感觉

虽然说蔬菜比较自然野趣，但是如果不加设计，那么与乡村随处司空见惯的一般农田一模一样，有何趣味性和艺术性可言。因此还是要注意蔬菜花园的形状、色彩之间的配置，注意其中的温室、工具房、家具、工具的设计与布置。另外，蔬菜花园既然还是花园，不必作茧自缚，必要的观赏植物完全可以大胆使用，使得花园更美丽，只要注意这部分是锦上添花的，不能喧宾夺主。

3. 趣味小雕塑、小装饰可以增色添彩

蔬菜花园氛围是轻松愉快的，因此可以不拘一格使用瓜果、多肉、废弃物等各种材质来装饰，会带来一份闲适的野趣。

目前，北京、上海等地蔬菜花园也是方兴未艾，上海的世博源商场、金桥中心、虹桥商场、K11屋顶花园都有蔬菜花园，还举办过各类蔬菜花园展；世纪公园也在公园改造中专门辟出一块蔬菜花园，受到游客追捧。

当蔬菜与花园这样两个都受到人们欢迎的成为蔬菜花园，一定会有更大的前景。

图8 趣味植物雕塑局部，多肉植物做的英国绅士帽

图9 趣味植物雕塑局部

图10 趣味植物雕塑局部

图11 趣味植物雕塑局部

图12 让蔬菜花园充满情趣的趣味植物雕塑

THE HERBS
Presented by
BATH & NORTH
EAST SOMERSET
COUNCIL
THE DIAMOND JUBILEE AWARD

13

14

15

16

17

18

19

图13 司空见惯的麦子配上工业化的容器摆进写字楼都毫无违和感

图14 蔬菜花园相对栽植容易，取材方便，市民喜爱，成景迅速，大有前景

图15 英式花园下午茶是英国人骨髓里最爱

图16 可以做蔬菜花园的蔬菜种类琳琅满目

图17 给小朋友设计的蔬菜花园

图18 小朋友从小在蔬菜花园长大，长大后成为园艺爱好者是水到渠成的事情

图19 园艺要从娃娃抓起

图20 白色蔬果混搭

图21 白色蔬果混搭

图22 白色蔬果混搭

图23 黄色蔬果混搭

图24 红色蔬果混搭

图25 红色蔬果混搭

图26 红色蔬果混搭

图27 白色巨葱在黄色花的映衬下形状奇特，夺人眼球

图28 紫色蔬果混搭

29
30
31
32
33

图29 新加坡滨海湾植物园温室远景

图30 以前不登大雅之堂的南瓜登堂入室（新加坡滨海湾植物园）

图31 一些蔬菜需要搭建支撑（新加坡滨海湾植物园）

图32 水果的小雕塑（新加坡滨海湾植物园）

图33 蔬菜花园需要局部的围合（新加坡滨海湾植物园）

图34 趣味雕塑（新加坡滨海湾植物园温室的蔬菜花园）

图35 新加坡滨海湾植物园温室简单的蔬菜就受到游客的喜爱

参考文献 REFERENCES

毕洛春. 波茨坦无忧宫[J]. 上海房地, 2015(04):57.

戴水道景观设计公司, 章健玲, 赵彩君. 德国柏林波茨坦广场[J]. 风景园林, 2010(1):59-62.

高立鹏. 园艺与花艺界的“奥斯卡”——英国切尔西花展一百周年记[J]. 中国花卉园艺, 2013(12):58-59.

汉斯·史迪曼. 柏林城市规划的历史变迁及经验教训[J]. 城市环境设计, 2015(Z2):244-245.

李卉. 莫奈的花园印象[J]. 风景园林, 2012 (01):158-159.

沈焕君. 英国威斯利花园植物景观营造[J]. 中国花卉园艺, 2014 (24):46-47.

孙博闻. 上海豫园的山水意象和意境浅析[J]. 美与时代(城市版), 2015 (06):39-40.

王思元, 王向荣. 城市公共空间雨水资源利用的景观途径研究[J]. 中国园林, 2014 (09):5-9.

王甜, 姜瑶, 隋承泉. 德国城市规划与建设[J]. 城市发展研究, 2009 (06):129-130+142.

王文玺. 国外如何发展创汇农业[J]. 农村工作通讯, 1998 (11):38-39.

吴婧, 林温环. 荷兰花卉产业环境浅析[J]. 中小企业管理与科技(上旬刊), 2010(03):151-152.

谢白芸. 德国夏洛腾堡宫御花园[J]. 对外经贸实务, 2015(08):97.

尹航. 意大利文艺复兴中期园林植物应用——以埃斯特、兰特、冈贝里亚庄园为例[J]. 建筑与文化, 2015(07):200-201.